Climat,
la démission permanente

Cyrille Cormier

Climat, la démission permanente

De « notre maison brûle » à la Convention citoyenne pour le climat : vingt ans de politiques climatiques

Les Éditions Utopia

Collection Ruptures

Les Éditions Utopia
61, boulevard Mortier – 75020 Paris
contact@editions-utopia.org
www.editions-utopia.org
www.mouvementutopia.org

Diffusion : CED
Distribution : Daudin

Sommaire

À Niloufar Bayani, Taher Ghadirian, Houman Jowkar, Amirhossein Khaleghi, Abdolreza Kouhpayeh, Sepideh Kashani, Morad Tahbaz et Sam Radjabi, huit défenseurs de l'environnement emprisonnés depuis janvier 2017 à la prison d'Évin de Téhéran. Par leurs études et leur recensement de terrain, ils ont contribué à protéger les guépards d'Iran menacés d'extinction.

Ces femmes et ces hommes, spécialistes reconnus de la faune et tous passionnés de la nature iranienne, sont des personnes de cœur et d'esprit. Ils ne sont ni des menaces, ni des ennemis.

Chaque journée de liberté dont ils sont privés est une peine douloureuse pour eux, pour leurs familles et leurs amis.

Pensons à eux ainsi qu'aux centaines d'autres défenseurs de l'environnement et du climat emprisonnés et menacés dans le monde. Parlons d'eux chaque jour, pour que cessent leurs détentions arbitraires et les mauvais traitements qui leur sont réservés.

À toi, Sam, mon très cher ami.

Préface
Par François Gemenne

Moi qui ne suis pas Français, je suis toujours frappé à quel point les Français minorent l'influence de leur pays. Quand je donne une conférence sur le climat, il se trouve toujours de nombreux spectateurs qui se sentent impuissants dans la lutte contre le changement climatique, et rejettent la faute sur leur gouvernement ou les multinationales. Et il y a aussi ceux qui estiment que la France fait sa part, mais ne peut rien contre la Chine ou les États-Unis.

De plus en plus, la lutte contre le changement climatique s'envisage dans un cadre national ou individuel : il s'agit de faire sa part. Et une fois qu'on aura fait sa part, on estimera volontiers qu'on a accompli son devoir, et que c'est désormais aux autres d'agir. Comme si les émissions des autres ne nous concernaient plus.

Cette logique est mortifère : elle conduit à l'action individuelle, non coordonnée, accomplie davantage dans la poursuite d'une exigence morale personnelle que dans celle d'un objectif commun. À cet égard, la déconnexion qui existe dans l'Accord de Paris entre l'objectif commun – 2 °C d'augmentation de la température d'ici

2100 – et la somme des objectifs nationaux est éloquente. Si on additionne les engagements pris par les différents États au moment de l'Accord de Paris, on obtient une augmentation de la température moyenne de 3,5 °C d'ici la fin du siècle, dans l'hypothèse – très optimiste – où chacun respecterait ses engagements. À l'heure où j'écris ces lignes, c'est le cas d'environ 10 % des pays signataires seulement. Comme si des étudiants se fixaient un objectif de moyenne collective de 16/20 avant un examen, mais visaient chacun 10/20 au moment d'étudier.

Faire sa part, ce n'est pas assez. Ce n'est pas assez au niveau individuel, ce n'est pas assez non plus au niveau national. On estime qu'entre 25 % et 40 % des émissions de gaz à effet de serre d'un pays sont déterminées par les comportements individuels de ses habitants. En d'autres termes, les actes que nous posons en tant que consommateurs représentent environ un tiers des émissions de la France. Si l'on veut tenir les objectifs de l'Accord de Paris, nous devrons à la fois agir individuellement comme consommateurs, mais nous devrons aussi et surtout agir collectivement comme citoyens. Or, de plus en plus de citoyens se sentent dépossédés des choix collectifs, comme si ceux-ci étaient décidés par des instances sur lesquelles ils n'auraient aucune prise. Cette crise de la démocratie représentative, qui aliène aux citoyens leur capacité à peser sur les choix collectifs, est une catastrophe pour la lutte contre le changement climatique.

Elle se double d'une tendance à ne plus agir que dans le cadre de ses frontières nationales, au niveau gouvernemental. Ce « nationalisme climatique », selon lequel chaque État devrait « faire sa part », est une autre catastrophe. La France représente 1 % des émissions mondiales de gaz à effet de serre. Pour autant, sa responsabilité se limite-t-elle à 1 % dans la lutte contre le changement climatique ? Certainement pas.

D'abord parce que la France est également responsable d'un grand nombre d'émissions qui ne sont pas comptabilisées dans ses inventaires nationaux. Certaines des multinationales parmi les plus émettrices de gaz à effet de serre sont françaises, de Renault-Nissan, n° 1 mondial de l'automobile, à Total, n° 10 du pétrole, en passant par Lafarge-Holcim, n° 1 du ciment. Si la France se contente de faire « sa part », il y a un grand nombre d'émissions de gaz à effet de serre dont personne ne s'occupera jamais – et dont personne ne semble d'ailleurs vouloir s'occuper, comme le souligne très justement ce livre.

Et puis, et peut-être surtout, la France conserve dans le monde un pouvoir d'influence considérable. Ce pouvoir d'influence ne tient pas seulement à son siège de membre permanent du Conseil de Sécurité de l'ONU, mais aussi à son impressionnant réseau diplomatique ou à son prestige culturel. Je suis toujours stupéfait quand des Français me disent que leur pays est impuissant ou ne compte pas sur la scène internationale, comme s'ils étaient citoyens du Paraguay ou du

Lesotho... La France conserve une capacité de rassemblement considérable, dont le succès de la COP21 est sans doute la plus éclatante démonstration. C'est pour cela que la France ne peut pas se contenter de faire sa part. Et c'est pour cela que l'inaction de ses présidents successifs sur le sujet est coupable.

C'est ce que ce livre montre remarquablement : comment les différents présidents ont négligé l'importance de la lutte contre le changement climatique. Il y a bien sûr plusieurs raisons à cela, sur lesquelles Cyrille Cormier revient en détails, mais je voudrais en retenir une en particulier : l'ignorance. Ou plutôt, la méconnaissance de l'importance de l'enjeu.

Le 12 décembre 2016, je me trouvais par hasard dans le bureau de Laurent Fabius au Conseil constitutionnel, pour réaliser un entretien. C'était la date du premier anniversaire de l'Accord de Paris. Personne n'en parlait. Aucun média n'avait relevé la date. Et manifestement, le président Hollande avait également oublié l'anniversaire. Laurent Fabius en était profondément dépité. Ce qui était sans doute le plus grand succès du quinquennat sur le plan diplomatique était déjà oublié, un an après.

Le 12 décembre 2017, Emmanuel Macron, qui n'avait joué aucun rôle dans la signature de l'Accord de Paris, se saisissait de l'occasion du deuxième anniversaire de celui-ci pour reprendre l'initiative diplomatique et organiser un sommet international de la finance pour le climat, le *One*

Planet Summit. Trois ans plus tard, l'activisme diplomatique sur ce dossier a fait long feu.

Il importe pourtant de relancer la coopération internationale sur le climat. Sans cette coopération, il n'y a pas d'issue possible. C'est la responsabilité première de la France, et celle de son président. Ou peut-être de sa présidente... si vous lisez ces lignes après mai 2022. Faire sa part, c'est une autre forme de démission, qui ne dit pas son nom.

Octobre 2020
François Gemenne

François Gemenne enseigne les politiques du climat et des migrations dans différentes universités, notamment Sciences Po Paris et à Bruxelles. Chercheur du FNRS à l'université de Liège, il y dirige l'Observatoire Hugo, un centre de recherche sur l'environnement et les migrations. François Gemenne est l'un des auteurs du 6e rapport d'évaluation du GIEC (AR6, WGII) à paraître en 2022.

Avant-propos

Au travers de ce court ouvrage, j'ai voulu témoigner de ce que j'ai vu, entendu et découvert de l'attitude de la France face à la crise climatique globale et du rôle spécifique que jouent les présidents de la République.

Dans un monde où le climat change et transforme notre environnement pour toujours, chaque pays doit prendre une large part de responsabilité et d'action, et la France ne doit pas faire exception. Cependant, son siège permanent au conseil de l'ONU, son influence économique globale, sa présence au G7, ainsi que son rôle central au sein de l'Union européenne, traduisent une influence sur la scène politique et économique internationale qui lui impose de prendre une large part dans la résolution de la crise climatique. La France doit notamment s'assurer que l'effort global sera commun et partagé entre l'ensemble des pays du monde, et qu'il sera par ailleurs suffisant pour que les émissions de gaz à effet de serre mondiales soient rapidement réduites et le réchauffement global endigué. Sa capacité à le faire dépendra de son influence sur la scène internationale, mais aussi en grande partie de sa propre vertu climatique. Car comment convaincre les pays d'Europe et les puissances économiques du G7 d'agir avec responsabilité et solidarité si l'on n'est pas soi-même irréprochable ?

Après quinze années passées à promouvoir les transitions écologiques au sein des mouvements politiques et d'associations, à solliciter les cabinets ministériels, les députés et les sénateurs, à espérer mobiliser les principaux acteurs politiques et économiques du pays dans une lutte climatique sans relâche, mon constat est sans appel : non seulement les dirigeants français n'ont intégré ni la réalité des causes ni l'ampleur des impacts du changement climatique dans leurs politiques, mais ils ont agi avec cynisme, installant vis-à-vis des Français une communication trompeuse, en décalage avec leurs actions et leurs résultats. Une attitude qui aura conduit en vingt ans à une faillite des politiques climatiques de la France, laissant vacant le rôle de leader auquel la France a souvent prétendu dans la lutte climatique internationale. Une attitude qui contribue aussi à la dégradation déjà vive de la relation de confiance entre les dirigeants et les citoyens, au risque, pour nos présidents actuels et futurs, de ne plus savoir convaincre, de ne plus pouvoir agir.

Par cet ouvrage, j'ai voulu décrypter l'action climatique des présidents de la République du XXIe siècle : les stratégies de communication politique, les dynamiques au sein des secteurs économiques, mais aussi les défaillances de l'État à mettre en œuvre des politiques efficaces ainsi que les tactiques utilisées pour éviter d'en rendre compte.

Alors que le réchauffement global s'accélère et que ses impacts se font plus virulents que jamais, beaucoup a été dit ces dernières années sur le rôle des citoyens. Nombre d'entre eux ont d'ailleurs déjà débuté leur propre transition : ils participent au financement des projets d'énergie renouvelable, réduisent les gaspillages et les déchets, consomment moins de viande, ou encore utilisent plus souvent le vélo et le train qu'auparavant. Les communautés de communes, les métropoles, les départements et les régions ont aussi la possibilité – certains le font déjà – de mener des transformations importantes en développant les pistes cyclables et les transports en commun, en aidant à la rénovation des habitations, en favorisant le bio et les menus végétariens dans la restauration collective, en limitant la publicité dans l'espace public ou encore en améliorant la collecte de déchets et le recyclage. Mais ni les citoyens, ni les territoires ne peuvent à eux seuls transformer les pratiques de l'industrie, de l'agriculture, ni modifier les stratégies de consommation et de production ou encore les règles commerciales internationales. Tout au plus, les efforts de chacun permettront de réduire d'un quart l'empreinte carbone du pays[1]. Soyons-en bien conscients : sans coopération soutenue de l'État, les gestes citoyens et les transitions des territoires

1. « Faire sa part ? Pouvoir et responsabilité des individus, des entreprises et de l'État face à l'urgence climatique », 2019, Carbone 4.

resteront insuffisants, tant s'en faut, pour réduire les émissions de gaz à effet de serre.

Au regard de l'urgence à mobiliser les moyens nécessaires à la lutte contre les dérèglements climatiques, il m'a semblé utile de revenir sur le rôle central de l'État. L'action politique doit entrer dans une phase de rupture sans précédent avec les pratiques politiques et les activités économiques qui alimentent le dérèglement climatique global. À cette condition seulement, chaque citoyen, chaque territoire, mais aussi chaque entreprise aurunt les capacités d'aller au bout des transitions indispensables à la lutte contre le changement climatique.

Pour que les présidents de la République et les gouvernements – actuels et futurs – prennent enfin les décisions adaptées, il est nécessaire que les citoyens exercent une surveillance plus étroite des politiques publiques. Ils doivent pour cela pouvoir mieux comprendre les enjeux de la lutte contre les dérèglements climatiques ainsi que les actions indispensables à mener. Il leur faut enfin identifier l'ensemble des résistances, y compris au sein de l'État, qui s'opposent à la mise en œuvre des mesures les plus radicales autant qu'incontournables.

Première partie

LA RÉVÉLATION

Chapitre 1

La France face au changement climatique

« Ce qui s'est passé il y a maintenant quelques jours à Saint Martin et Saint Barthélemy, c'est une catastrophe naturelle dont nous ne trouvons de précédent qu'en 1931 dans la région. Donc, c'est quelque chose d'inédit, profondément, qu'on ne peut comparer à aucun événement météorologique connu dans les dernières décennies. […] On ne peut pas anticiper ce qui n'est pas anticipable, et il faut avoir à ce titre beaucoup d'humilité face aux forces de la nature. »

Emmanuel Macron, le 12 septembre 2017, conférence de presse à Pointe-à-Pitre après le passage de l'ouragan Irma dans les Antilles. En 2016, pourtant, l'ouragan Matthews, lui aussi de catégorie 5, était déjà passé non loin des Antilles françaises.

Nous l'avons perçu ces dernières années : le réchauffement global s'est aussi installé en France. Hausse des températures et événements climatiques extrêmes se sont renforcés, fragilisant les écosystèmes et bouleversant les vies. L'intensification du changement climatique pousse déjà une part importante des Français à chercher les moyens de se protéger de ses conséquences les plus violentes : des canicules plus chaudes, des tempêtes plus fréquentes, ou encore des sécheresses plus longues. Des mouvements citoyens de plus en plus nombreux appellent aussi régulièrement l'État français à une réaction rapide et plus efficace qui permettrait notamment de protéger les plus vulnérables d'entre nous.

Les scientifiques prédisent depuis plusieurs années un changement d'échelle dans les répercussions du changement climatique. Longtemps considéré dans les discours comme un phénomène futur très probable, le changement climatique est devenu certain et actuel. Les dernières années de la décennie auront formé une confirmation parfaite de leurs prévisions : les événements climatiques extrêmes tels que les vagues de chaleur les sécheresses, les tempêtes et les inondations, se multiplient et s'intensifient dans de larges régions du globe.

Si l'on peut désormais dire que la France vit à l'heure du changement climatique, c'est qu'en une décennie, un cap a été franchi. La hausse de la température moyenne du globe dépasse désormais d'1 °C la température moyenne connue il y a près de 200 ans, à la fin de l'ère préindustrielle[1]. Selon l'Organisation météorologique mondiale, la période de 2015 à 2019 aura été la plus chaude jamais enregistrée sur terre. Pour la France, cela se traduit par une hausse des températures

1. « *Global Warming of 1,5 °C* », GIEC Special Report, chapitre 1, 2018 (Groupe intergouvernemental d'experts sur l'évolution du Climat).

importante, entre 0,6 et 1,4 °C en moyenne ces dernières années[1]. Mais certaines régions sont plus touchées encore : la température moyenne de l'Arctique durant les hivers 2016 et 2018 dépassait de 6 °C celle des hivers des trente années précédentes[2]. En juin 2020, les températures au nord de la Sibérie, au-delà du cercle polaire, approchaient les 38 °C, un record absolu dans une région où il aura fait 5 °C plus chaud que les moyennes sur les six premiers mois de l'année 2020[3]. Quelques semaines plus tard, l'air de la vallée de la mort aux États-Unis atteignait 54,4 °C, la température la plus élevée jamais mesurée sur terre[4].

Ce réchauffement impacte déjà nos vies, en France comme ailleurs, dans nos villes où l'on étouffe, dans nos campagnes où la sécheresse et les inondations détruisent les champs et les forêts. Mais attention, les scientifiques le rappellent : le réchauffement des températures pourrait très largement doubler d'ici la fin du siècle si nous ne parvenons pas à mettre rapidement fin aux rejets massifs de gaz à effet de serre dans l'atmosphère.

---

1. « Bilan Climatique 2019 », 2019, Météo France.
2. « *Special Report on the Ocean and Cryosphere in a Changing Climate* », 2019, GIEC.
3. « *Prolonged Siberian heat of 2020* », 2020, World weather attribution.
4. « 54,4 °C : nouveau record mondial fiable de température », 19 août 2020, Météo France.

L'année 2019 marquée par le changement climatique

2019 aura été une année terrible et 2020 ne semble pas se différencier. Deuxième année la plus chaude jamais enregistrée selon l'ONU[1], 2019 aura vu les glaces de Patagonie, des Alpes, de l'Antarctique comme de l'Arctique fondre plus vite que jamais. Les images diffusées à l'été montrant la fonte des glaces du Groenland font froid dans le dos. Selon l'institut de recherche danois *PolarPortal*, la journée du 31 juillet aura vu fondre 11 milliards de tonnes de glace, soit l'équivalent de 3 millions de piscines olympiques en une seule journée. Un record ! La même année, les feux se sont abattus sur l'Alaska, le Groenland, la Sibérie, l'Amazonie et l'Australie, détruisant sur leur passage arbres millénaires et habitats somptueux d'une biodiversité jusque-là préservée, massacrant les animaux et détruisant les forêts qui permettent à la terre de respirer. En Australie, les températures ont dépassé de 1,52 °C les températures moyennes connues seulement cinquante années plus tôt, plongeant le pays dans la sécheresse dès le début d'année[2]. Les incendies, ensuite, auront brûlé des mois jusqu'au début de l'année 2020. En une année, le changement climatique aura provoqué la mort ou le déplacement de

1. « 2019 a été la deuxième année la plus chaude de l'histoire, selon l'ONU » 20 janvier 2020, ONU Info.
2. « *Annual Climate Statement 2019* », janvier 2020, bureau australien de météorologie.

plusieurs milliards de reptiles, d'oiseaux, et de mammifères sauvages en Australie[1] !

En mars 2019, des centaines des milliers de personnes ont été évacuées en Iran pour se mettre à l'abri d'inondations historiques. Souvenons-nous également des populations du Mozambique, du Malawi et du Zimbabwe qui ont fui la tempête Idai, et des 3,4 millions d'Indiens et de Bengalis qui se sont enfuis à l'approche du cyclone Fani. N'oublions pas enfin la terrible tempête tropicale Dorian qui a ravagé les Bahamas.

Et en France ? L'année 2019 aura conclu la deuxième décennie du XXIe siècle par un *strike* climatique plongeant notre pays dans la réalité du dérèglement climatique. Des canicules et des sécheresses intenses, la France en a connu par le passé. Tous les vingt à trente ans la France était touchée par des canicules remarquables. Mais le rythme s'accélère. Météo-France constate qu'« *il apparaît clairement que la fréquence et l'intensité de ces événements ont augmenté depuis le début des années 1980* ». C'est ainsi qu'en l'espace de 15 ans depuis 2005, il y a eu autant de vagues de chaleur que durant les 60 années précédentes[2]. L'année 2018 était la plus chaude en moyenne en France et 2019 battait des records de températures durant l'été. De février à septembre, ce

1. « *3 billion animals impacted by Australia bushfire crisis* », 2020, WWF.
2. « Vagues de chaleur en France de 1947 à 2017 », 2018, Météo France.

ne sont pas moins de cinq vagues de chaleur qui auront frappé la France, dont deux canicules durant l'été. En 2020, les six premiers mois de l'année étaient les plus chauds jamais enregistrés. Ces records de température ne semblent être que la promesse d'une très longue série d'années de plus en plus chaudes et de canicules de plus en plus fréquentes et intenses.

Des sécheresses plus longues

La sécheresse aussi s'est installée en France. En 2017 et 2018 déjà, certains territoires avaient été durablement touchés. Dès le printemps 2019, le département du Nord était placé en état d'alerte sécheresse et à la fin de l'été, 88 départements étaient encore placés en état d'alerte ou de vigilance. Du jamais vu ! La raison ? un déficit de pluie atteignant des niveaux records. Nice a connu 60 jours consécutifs sans pluie au printemps, et Paris, deux périodes de trente jours consécutifs à l'été, la palme revenant au département de l'Indre-et-Loire avec 77 jours à sec durant l'été. Les pluies torrentielles qui ont suivi la fin de l'été caniculaire ont souvent engendré des crues rapides des cours d'eau et rivières et des inondations amplifiées par des sols trop secs pour absorber rapidement de grandes quantités d'eau[1]. En 2020, les territoires du Nord et de l'Est de la

1. « La pluie ne suffit pas à effacer la sécheresse en Limousin », octobre 2019, France Bleu.

France ont été à nouveau particulièrement touchés par les sécheresses.

Entre les vagues de chaleur et les sécheresses, ainsi que les incendies qu'elles ont générés, les écosystèmes français ont souffert. Dans les Alpes, les glaciers fondent désormais plus rapidement. Le dégel du permafrost qui tenait jusqu'à présent les roches des sommets et des pics les plus hauts, entraîne des effondrements dans certains massifs. Les paysages de montagne, façonnés par la lente érosion du temps se transforment dorénavant en quelques années[1].

La faune et la flore ont aussi beaucoup souffert. Selon l'Office national des forêts[2], la végétation souffre du manque d'eau et les conséquences sont bien souvent irréversibles. Selon lui, « *L'année 2019 accumule les mortalités d'arbres adultes, en particulier chez les épicéas, les hêtres, les sapins et les pins sylvestres* ». Et les effets d'un manque d'eau et des fortes chaleurs favorisent la prolifération d'insectes qui rongent les troncs et tuent des arbres déjà affaiblis par le climat. Les zones humides aussi ont été fortement touchées par les longues périodes de sécheresse, fragilisant les populations de batraciens et réduisant celles d'insectes et de vers de terre dont se nourrissent

1. « Effondrement de glacier, fragilisation des refuges : les effets du réchauffement se multiplient dans les Alpes », 2019, *Montagnes magazine*.
2. « Épicéas, sapins, hêtres... Ces arbres qui souffrent de la sécheresse », 2019, Office national des forêts.

les oiseaux. Privés d'eau et de nourriture, de nombreux oiseaux n'auront pas survécu. Les fleurs des champs, grillées par les canicules et les sécheresses de l'été, ont été plus rares privant les papillons de leur nourriture. Durant l'été enfin, des milliers de poissons se sont trouvés pris au piège des assecs, ces portions de cours d'eau qui s'évaporent totalement faute de pluies suffisantes.

Ce bouleversement rapide du climat et ses effets sur notre environnement, nous en mesurons déjà les répercussions sur nos vies : trains à grande vitesse à l'arrêt durant les fortes chaleurs ; réacteurs nucléaires stoppés faute d'eau pour les refroidir ; brevet des collèges reporté, crèches et écoles fermées faute de climatisation suffisante des locaux. En 2018 et 2019, les Français ont pu constater combien les assauts répétés du changement climatique leur compliquent déjà la vie. Et l'impact sur les activités économiques, lui aussi, se fait sentir. La baisse des rendements agricoles des vignes, des oliviers, des champs de blé et de maïs, liée à une météo trop chaude et trop sèche, plombe un peu plus encore les revenus d'agriculteurs depuis longtemps déjà assommés par des rémunérations insuffisantes de leurs productions. En septembre 2019, l'assureur Groupama annonçait que la moitié des agriculteurs couverts par le groupe avait déclaré un sinistre en lien avec la sécheresse ou les canicules de l'été[1]. Pour quel

1. « Un agriculteur sur deux touché par la sécheresse et la canicule selon Groupama », 2019, AFP.

coût ? La Fédération française de l'assurance l'évalue entre 700 et 900 millions d'euros chaque année[1]. Un montant qui, selon les assureurs, pourrait doubler dans les prochaines années. Autre conséquence des sécheresses, des milliers de maisons se fissurent sous l'effet de la dilatation des sols, dès que les pluies reviennent après de longues périodes sans pluie. Maisons évacuées, abandonnées souvent pour toujours par leurs habitants. Et les monuments ne sont pas épargnés : au printemps 2019, le château de Chenonceau, merveille architecturale de la Renaissance, était lui aussi menacé par la vigueur de la sécheresse[2]. La baisse des eaux du Cher qui le traverse risquait d'exposer hors de l'eau les pilotis en bois qui le soutiennent. Une situation qui aurait pu conduire au pourrissement accéléré des pilotis et à l'effondrement d'une partie du château. Il aura finalement fallu une décision préfectorale exceptionnelle pour que le débit du Cher soit augmenté par les eaux d'un barrage voisin.

Sous la chaleur écrasante des villes

Enfin, en ville, les pollutions à l'ozone liées à la circulation automobile ont été amplifiées

1. « La sécheresse coûte entre 700 et 900 millions aux assureurs chaque année », 2019, Hayat Gazzane, *Le Figaro*.
2. « Avec la sécheresse inédite d'avril des inquiétudes pour Chenonceau », 2019, *Nouvelle République*.

par les fortes chaleurs. Rappelons ici que ce sujet n'est pas secondaire. La pollution de l'air à l'ozone peut créer d'importants troubles respiratoires et les pollutions de l'air aux particules fines entraînent en France près de 50 000 décès par an[1]. Des risques que les villes commencent seulement à prendre au sérieux afin de protéger les populations. Des mesures radicales ont été prises dans certaines d'entre elles durant les périodes de fortes chaleurs : interdiction de circulation des véhicules les plus polluants, fermeture des écoles et des crèches, ouverture des parcs et jardins la nuit pour permettre aux habitants de se rafraîchir. Mais avec un fonctionnement parfois réduit des transports en commun sous l'effet de la chaleur et une pratique du vélo déconseillée à cause de la pollution, c'est souvent vers la voiture que les citadins se sont tournés. Les pollutions causées par la voiture ne laisseraient d'autre solution que ces dernières pour se déplacer ? Un comble ! Face à la chaleur et aux pollutions, il n'existait durant ces jours de canicules que bien peu de refuges dans les hôpitaux, les maisons de retraite les EHPAD, les bâtiments publics ou les crèches pour accueillir les personnes les plus fragiles. Durant les vagues de chaleur de l'été 2020, alors que le virus de la COVID-19 continuait de circuler, certains refuges climatisés des villes,

1. « Impacts sanitaires de la pollution de l'air en France : nouvelles données et perspectives », 2016, Santé publique France.

comme les bibliothèques, voyaient leur climatisation coupée ou étaient tout simplement fermés. On le découvre, en France, ni les bâtiments, ni les infrastructures de transports ou d'énergie, ni encore les rues bétonnées des villes, ne sont adaptés aux fortes chaleurs. Nous devons désormais adapter nos modes de vies et transformer nos infrastructures pour vivre à l'heure du réchauffement global.

Le coût humain du changement climatique

S'adapter et réduire nos pollutions ou bien payer le prix fort les conséquences d'un changement climatique débridé ? La question mérite d'être posée car en France, déjà, les coûts humains et financiers augmentent. En décembre 2019, l'association allemande d'expertise climatique GermanWatch publiait la quatorzième mise à jour de son indice des risques climatiques[1] qui recense la mortalité et les coûts liés aux événements climatiques extrêmes et inhabituels dans le monde. Selon l'indice, la France est l'un des pays au monde à payer jusqu'à présent le plus lourd tribut. Elle se classe ainsi 15e de l'indice, derrière des pays identifiés pour leur vulnérabilité économique et climatique tels que Puerto Rico, Haïti, la Dominique, Myanmar, les Philippines, le Vietnam, le Pakistan ou le Bangladesh, mais devant

1. « *Global Climate Risk Index 2020* », 2019, German Watch, 2019.

l'ensemble des pays d'Europe et de l'OCDE. Sur la période allant de 1999 à 2018, ce sont en moyenne 2 000 personnes qui sont décédées chaque année en France à la suite d'événements climatiques extrêmes : canicules, sécheresses, inondations et tempêtes. Les coûts associés aux destructions s'élèvent en moyenne à 2 milliards d'euros chaque année. En septembre 2017, le passage de l'Ouragan Irma sur les îles françaises de Saint-Barthélemy et sur l'île franco-néerlandaise de Saint-Martin avait causé à lui seul 3 milliards d'euros de dégâts[1]. Irma, l'un des cyclones les plus puissants enregistrés dans l'Atlantique Nord, aura tué 134 personnes dans les Caraïbes et laissé plusieurs centaines de millions de personnes sans-abri.

Les canicules qui se multiplient ces dernières années sont elles aussi responsables de milliers de décès. Rappelons-nous celle de 2003. Les températures de juillet atteignaient des niveaux sans précédent, provoquant en quelques semaines une épidémie de déshydratation ou de coup de chaud et la mort de 15 000 personnes en France selon l'Inserm et 25 000 selon le syndicat des urgentistes. Une vague de chaleur rare encore à l'époque, mais considérée depuis par les scientifiques comme une illustration de ce que serait un été moyen en 2040, et plutôt froid d'ici la

1. « Le coût du passage d'Irma sur Saint-Martin et Saint-Barthélemy dépasse les 3 milliards d'euros » 2018, *Le Monde*.

fin du siècle. Depuis, les canicules se succèdent, emportant chaque année de plusieurs centaines à quelques milliers de personnes fragiles ou âgées. Chaque épisode aura moins tué que la canicule de 2003, mais leur multiplication ces dernières années conduit à un aussi lourd bilan. Chaque année, les canicules tuent en effet en quelques jours en France autant de personnes que les accidents de la route sur une demi-année.

Face à ces constats, les scientifiques ont tiré la sonnette d'alarme. La rupture de ton de leur discours est à la hauteur de l'intensité croissante du réchauffement global et de ses impacts sur les écosystèmes, mais elle reflète aussi leur inquiétude grandissante face au déficit d'actions des États. Longtemps prudents, les scientifiques sont désormais catégoriques sur la nécessité d'agir de manière rapide et efficace. Leurs recherches ne se consacrent plus à l'étude d'un réchauffement futur, mais à décrire la réalité présente d'un changement climatique qui s'accélère.

Les nouvelles alertes du GIEC

Depuis l'année de sa création en 1988, le GIEC (Groupement d'experts intergouvernemental sur l'évolution du Climat) étudie les causes et conséquences du réchauffement de la température moyenne du globe. Il rassemble des centaines de chercheurs provenant de plus de cinquante pays qui étudient et analysent les publications scientifiques récentes. Leur objectif ? Comprendre les manifestations actuelles et futures du réchauffement global, en identifier les causes historiques et, bien sûr, modéliser les moyens d'y mettre un terme.

Entre la fin d'année 2018 et l'été 2019, le GIEC a publié trois rapports successifs. Le premier rapport s'appelle « *Réchauffement global de 1,5 °C* ». Il est aujourd'hui considéré comme une pièce maîtresse de la lutte contre le dérèglement climatique à l'échelle mondiale car il étudie les conséquences qu'aurait une hausse de 1,5 °C de la température moyenne du globe par rapport à celle de la fin de l'ère préindustrielle. Les effets d'un tel réchauffement seraient selon eux catastrophiques pour de nombreuses régions du monde, pour les écosystèmes autant que les humains. Une situation bien moins inquiétante cependant que si le réchauffement atteignait ou dépassait les 2 °C d'ici la fin du siècle. Alors qu'en 2018, ces experts constataient que le réchauffement avait déjà franchi 1 °C, leur conclusion était sans équivoque : les décideurs du monde doivent rapidement mettre en œuvre des politiques climatiques conjointes et ambitieuses pour réduire quasiment à néant les émissions mondiales de gaz à effet de serre d'ici 20 à 30 ans. Rien de moins.

Les deux autres rapports traitent des impacts du réchauffement sur les terres, les océans et les glaciers. Ils décrivent par le menu les destructions des écosystèmes déjà constatées et à venir dans les différentes régions du monde : disparition de ressources en eau douce, érosion des côtes par la hausse des océans, baisse des rendements agricoles, destruction des habitats riches en biodiversité par les sécheresses, les canicules, les incendies ou les inondations, etc. Au sujet des écosystèmes, Hoesung Lee, le président du GIEC, expliquait en septembre 2019 : « *si nous réduisons fortement les émissions, les conséquences pour les populations et leurs moyens d'existence n'en seront pas moins éprouvantes, mais elles pourront être plus faciles à gérer par les populations les plus vulnérables* »[1]. S'engager rapidement dans une action de réduction massive de nos émissions de gaz à effet de serre permettrait donc de limiter la violence des impacts du réchauffement climatique et d'en protéger au maximum les populations.

La montée des eaux

Pour visualiser les conséquences de la montée des eaux des océans, l'association scientifique Climate Central[2] et l'Agence européenne de l'environnement[3] ont publié des cartes traduisant l'effet d'une montée des eaux allant jusqu'à 2,5 mètres, hypothèses jugées possibles d'ici le prochain siècle. Des villes comme Cherbourg, Le Havre,

---

1. « Pour sauver la planète, il faut sauver les océans », septembre 2019, ONU.
2. « *Global vulnerability to sea level rise worse than previously understood* », 2019, Climate Central.
3. « *Climate change impacts in Europe* », 2019, Agence européenne de l'environnement.

Saint-Nazaire, Dunkerque ou Calais pourraient se retrouver en partie sous l'eau, tout comme des pans entiers de l'estuaire de la Gironde, de la Loire ou encore de la Charente-Maritime et de la Camargue. Quant aux îles de Ré, d'Oléron, de Noirmoutier elles seraient en partie submergées, et l'île de Sein coupée en deux. Une montée des eaux qui serait amplifiée localement par des submersions temporaires liées à une plus grande fréquence des tempêtes les plus puissantes. En tout, près d'un million de Français vivent aujourd'hui sur les territoires qui seraient impactés demain et nos côtes pourraient connaître une situation plus dramatique encore si le réchauffement de la température du globe ne ralentissait pas. Selon le CNRS, les hausses de températures pourraient alors atteindre 3 à 7 °C d'ici la fin du siècle[1]. De très larges zones littorales seraient dans ce cas immergées.

Outre la disparition des banquises et des glaciers et la submersion de certains territoires, les scientifiques nous alertent aussi sur l'amplification des événements climatiques majeurs : des tempêtes plus fortes et plus fréquentes, des vagues de chaleur et sécheresses plus fréquentes, des canicules plus longues et plus intenses, etc. Et bien sûr, les conséquences sur les écosystèmes

1. « Changement climatique : les résultats des nouvelles simulations françaises », 2019, CNRS, Météo France et CEA.

seront elles aussi plus impressionnantes. Il faut donc considérer que l'ampleur des manifestations climatiques extrêmes de cette fin de décennie est sans commune mesure avec celle que nous connaîtrons dans dix ou vingt ans.

La santé en péril

Enfin, les scientifiques s'inquiètent des effets du changement climatique sur la santé[1]. De façon quasi certaine, ils prédisent une fréquence plus élevée de maladies liées aux vagues de chaleur, par exemple les hyperthermies et les déshydratations, mais aussi des épisodes de malnutrition plus fréquents à cause des pertes de productivité des cultures, ou encore une multiplication des maladies portées par l'eau ou la nourriture. Ils s'inquiètent enfin d'une possible croissance de maladies liées à des virus ou bactéries portés par certains types de moustiques dans des régions jusque-là épargnées. Depuis une dizaine d'années, l'Hexagone connaît une progression du nombre de moustiques-tigres sur son territoire[2]. Selon le ministère de la santé, ce type de moustiques habitués aux régions chaudes est apparu au début des

1. « *Human Health: Impacts, Adaptation, and Co-Benefits* », chapitre 11 du 5e rapport d'évaluation, GIEC.
2. « Les relations complexes entre climat et maladies infectieuses », 13 avril 2019, *Le Monde*.

années 2000 dans le Sud-Est du pays. Ils peuvent désormais être observés dans près de la moitié des départements[1]. Le moustique-tigre est un vecteur des virus de la dengue et du chikungunya, des virus apparus en France métropolitaine ces dernières années.

Les infrastructures fragilisées

Au-delà des impacts directs sur les écosystèmes et la santé, on constate déjà en France des perturbations dans le fonctionnement de nos infrastructures. À court et moyen terme, aucun secteur économique ne semble être épargné par les impacts du changement climatique.

Nos systèmes énergétiques reposent aujourd'hui en grande partie sur l'eau douce. En France, le parc de 56 réacteurs nucléaires est le premier utilisateur d'eau devant l'agriculture. Et les centrales hydroélectriques qui produisent de larges quantités d'électricité dans notre pays dépendent elles aussi des ressources en eau. Que l'eau vienne à manquer dans nos cours d'eau et barrages à cause des sécheresses, ou qu'elle ne soit plus assez froide pour servir au refroidissement des centrales nucléaires à cause de saisons chaudes de plus en plus longues, et notre système électrique déraille. Une situation que la France

1. Cartes de présence du moustique-tigre en France métropolitaine, 2019, ministère de la Santé.

connaît régulièrement ces dernières années, imposant des arrêts de réacteurs nucléaires en période de vague de chaleur, rarement, et de sécheresse, plus souvent[1]. Et les éoliennes ? Les panneaux solaires ? Les réseaux de câbles électriques ? Ces technologies verront elles aussi leur fonctionnement perturbé par les manifestations du changement climatique. À tel point qu'imaginer pour l'avenir un monde d'abondance énergétique comme celui des deux derniers siècles apparaît déraisonnable.

Nos systèmes de transport, eux aussi, sont mis à rude épreuve. La majeure partie de nos déplacements se font par des moyens contribuant au réchauffement global. Les voitures thermiques à essence ou diesel, les camions, les bateaux porte-conteneurs et les avions, tous sont responsables de rejets importants de gaz à effet de serre. Leur utilisation est condamnée à diminuer à très court terme si l'on veut réussir à limiter le réchauffement global, comme nous y invitent les scientifiques du GIEC. Certaines infrastructures de transports montrent par ailleurs déjà des vulnérabilités. Lors des vagues de chaleur de l'été, les trains à grande vitesse roulent parfois au ralenti à cause de la dilatation des voies et caténaires. Certaines voies de navigations fluviales sont

1. « Effet de la météo sur la disponibilité du parc nucléaire français : quelle réalité ? », 2020, par Thibault Laconde, fondateur de la startup Callendar Climate Intelligence.

inutilisables durant des périodes de sécheresse. Dans les villes, les routes déversent des millions de voitures chaque jour, qui altèrent dangereusement la qualité de l'air. Les rues, les trottoirs, les parkings, les esplanades sont recouverts de bitume ne laissant que peu de place à la terre et à la végétation. C'est ainsi que la moitié de l'espace public de la ville de Paris se retrouve bétonnée, au profit de la voiture. Mais ce béton qui recouvre nos rues amplifie les effets des fortes chaleurs. Il accumule le jour la chaleur qu'il restitue le soir et la nuit, plongeant les villes dans une chaleur étouffante et permanente. Si les vagues de chaleurs et canicules se multiplient comme le prédisent les experts du climat, c'est de végétation et de sols à nu dont nous aurons besoin dans nos villes pour respirer, pour climatiser l'air et le purifier. Nous devrons retirer aux voitures le privilège de nos rues, pour permettre à nos villes de s'adapter à un climat qui change rapidement. Imaginer ainsi que demain, dans nos villes, circuleront autant de voitures électriques qu'il circule aujourd'hui de voitures à essence et diesel, est incompatible avec un monde où les températures de l'été grimperont régulièrement au-delà de 40 °C en ville. L'énergie et les infrastructures qui nous sont utiles pour nous déplacer, mais aussi les bâtiments où l'on vit – souvent conçus et construits au siècle dernier – ne sont pas adaptés à un monde où il fait beaucoup plus chaud.

Nos productions agricoles et nos habitudes alimentaires enfin, elles aussi vont aussi devoir évoluer[1]. Les rendements des cultures seront impactés, certains fortement réduits, par les évolutions des températures et les niveaux de précipitations. Les canicules et les sécheresses, plus fréquentes, viendront plus souvent dévaster les productions. Le monde viticole par exemple semble se préparer à des transformations majeures de pratiques et de cultures parfois multiséculaires pour éviter une baisse de qualité des productions. Le changement de cépage pour résister à des conditions climatiques plus chaudes et plus arides, ou le déplacement des vignes plus au Nord de la France ou de l'Europe ne sont plus désormais des sujets tabous. Les vins de Bordeaux en vallée de la Loire, ceux de Bourgogne en Champagne et le Champagne de l'autre côté de la manche, dans le Kent, c'est aussi cela, le changement climatique.

Les contestations s'amplifient

Face aux premiers impacts du réchauffement sur la France et à l'alerte des scientifiques, le mouvement de lutte contre le changement climatique opère sa mue. Cantonné il y a encore quelques années à des associations nationales ou internationales, c'est désormais bien au-delà que le mouvement s'élargit. Des hommes et des

1. « *Climate change adaptation in the agriculture sector in Europe* », 2019, agence européenne de l'environnement, 2019.

femmes s'impliquent en nombre – souvent pour la première fois. Certains s'appliquent à modifier leur consommation pour réduire leur empreinte carbone, d'autres se tournent vers l'apprentissage d'une agriculture écologique, abandonnent leur voiture, refusent l'avion, réduisent leur consommation de viande. D'autres encore manifestent leur crainte qu'une action inefficace et tardive des gouvernements et des entreprises ne réduise toute chance de maîtriser l'ampleur du changement climatique. En France, les jeunes mouvements de désobéissance civile Alternatiba, Action non-violente COP21 ou encore le très récent mouvement Extinction Rébellion ont souhaité mobiliser l'énergie citoyenne pour contraindre les décideurs à l'action, plutôt que de se soumettre à la perspective d'un climat futur trop dur et destructeur. Fin 2018, l'appel à la justice climatique en France, lancé par l'association de juristes Notre affaire à tous, a réuni plus de 2 millions de signatures en un seul mois. Un record pour une pétition sur le climat. À la fin de l'été 2019, un sondage montrait l'évolution des mentalités en France : une majorité des Français considère désormais que la protection de l'environnement est prioritaire y compris si cela devait conduire à des sacrifices financiers pour les entreprises[1].

---

1. « Fractures françaises 2019 : la défiance vis-à-vis des dirigeants et des institutions atteint des sommets », 2019, IPSOS

De quoi donner du crédit aux défenseurs du climat, pourtant confrontés à une répression accrue en France ces dernières années[1]. Tout comme casser le thermomètre ne pourra pas empêcher le réchauffement global, empêcher les militants de la cause environnementale de dénoncer les manquements de l'État ne transformera pas les inactions de ce dernier en activisme zélé.

Les manifestations pour le climat ont réuni en mars, puis en octobre 2019 des millions de personnes dans les rues de centaines de villes dans le monde. À l'automne, ils étaient un demi-million à Montréal et autant en Australie. L'alerte des scientifiques aura aussi permis l'émergence d'un mouvement de contestation sans précédent : celui d'une jeunesse inquiète de voir le monde des adultes et en particulier ses dirigeants demeurer sourd aux appels de la science. Ce mouvement, débuté en 2018 par la grève de l'école de l'adolescente Greta Thunberg, s'est ensuite propagé à travers le monde, y compris en France. Le message adressé aux adultes est clair : nous, les jeunes, nous n'irons plus à l'école préparer notre avenir si vous continuez à le détruire. La simplicité du message et sa logique implacable ont bien été comprises par les jeunes. Le mouvement a ainsi été rejoint par des dizaines de milliers de collégiens et lycéens sous forme de grève de l'école

---

1. « Écoutes, perquisitions et poursuites : quand l'État fait du zèle pour étouffer les actions écolos », 2020, Aurélie Delmas et Aude Massiot, *Libération*.

ou de manifestations dans les rues des petites et grandes villes du monde.

Au-delà du message, deux constats interpellent. Premièrement, ces jeunes ont compris les conclusions des scientifiques du GIEC. Ils les ont mieux comprises que nombre de nos décideurs, semble-t-il, tant l'implication et le discours jugé trop radical de ces jeunes aura fait polémique dans les rangs des partis politiques, y compris ceux de la majorité, et des médias conservateurs. La climatologue française Valérie Masson Delmotte – coprésidente du GIEC – viendra ainsi prendre leur défense. Selon elle, Greta Thunberg « *a profondément compris ce que ça implique en termes de transformation si on veut être cohérent avec l'Accord de Paris* »[1], c'est-à-dire si l'on veut limiter le réchauffement global en dessous de 2 °C.

Second point marquant : la contestation des jeunes prend la forme d'un ultimatum. Leur avenir dépend de l'action immédiate des adultes, et ils l'ont bien compris. Abandonner signifierait pour eux se résigner à une vie difficile qu'ils n'auraient pourtant pas choisie. Aux dirigeants de comprendre qu'ils ne lâcheront pas et que l'énergie de leur revendication est en réalité une pulsion de vie que nul ne pourra contenir. Et cette énergie est porteuse d'espoir : elle pourrait venir

1. « Greta Thunberg : ce qu'en pensent deux auteures du rapport du GIEC », 2019, Grégory Rozières, *Huffington Post*.

nourrir notre société du courage qui lui manque pour mener sans regret ni relâche la lutte contre les dérèglements climatiques.

L'impact de la crise de la COVID-19

Sur le plan climatique, 2020 ouvre une nouvelle décennie dans la continuité de la précédente, où les températures plus élevées s'accompagnent d'événements climatiques intenses. Durant l'été 2020, les tempêtes tropicales se sont accumulées dans l'Atlantique Nord, la Californie a lutté contre les flammes des semaines durant, et au nord de l'Afrique comme en Asie, les inondations ont poussé des milliers de personnes à chercher un refuge. Mais 2020 est aussi marquée par un nouveau phénomène global : la pandémie de Covid19. Elle a conduit certaines régions du monde à des restrictions de déplacement de leurs habitants et à stopper temporairement les activités économiques non fondamentales dans l'espoir d'endiguer la propagation du virus. Des mesures qui ont conduit à une baisse impressionnante des consommations d'énergie et, par conséquent, des émissions de gaz à effet de serre. Une baisse conjoncturelle à laquelle devrait succéder une reprise de la hausse des émissions une fois l'épidémie enrayée. La gestion de la crise sanitaire aura repoussé à plus tard celle du changement climatique et la tentation est forte, pour certains États, de s'émanciper de contraintes environnementales pour relancer au plus vite l'économie.

Une tentation pourtant dangereuse, car pendant qu'on s'efforçait de lutter contre la pandémie, les impacts les plus violents du changement climatique ne faiblissaient pas. Quelles que soient les crises à endiguer à l'avenir, il faudra bien apprendre à les gérer en même temps que les multiples transformations et crises générées par le changement climatique.

Alors que les Français se retrouvent plongés dans la réalité d'un climat qui change et qu'ils manifestent à la fois leurs craintes face à ses impacts violents et leur volonté de voir la lutte contre les dérèglements climatiques s'amplifier, l'émergence d'un plan politique concret et ambitieux se fait pourtant attendre. Étonnant ? Pas vraiment, car les présidents de la République qui se sont relayés à la tête de l'État français ces vingt dernières années ont tous fait l'aveu d'une compréhension tardive du phénomène justifiant – à leurs yeux du moins – une action hésitante.

Chapitre 2

L'épiphanie climatique des présidents

> « *Nous ne pourrons pas dire que nous ne savions pas !* »
>
> Jacques Chirac le 2 septembre 2002 lors du sommet de la Terre de Johannesburg, Afrique du Sud.

Un fameux discours

Le discours de Jacques Chirac en 2002 est resté dans l'histoire – en tout cas, dans l'histoire française. Si la première phrase de son allocution « *notre maison brûle et nous regardons ailleurs* » a autant marqué les esprits, c'est à la fois parce qu'elle résumait bien l'enjeu en ce début du XXIe siècle, mais aussi parce que cette formule, sortie de la bouche de Jacques Chirac, avait de quoi surprendre. Elle surprend encore aujourd'hui, tant le second mandat présidentiel de Chirac, qui débutait tout juste en 2002, n'aura pas présenté de grands résultats dans la lutte contre les destructions environnementales.

Mais en 2002, Jacques Chirac avait changé. L'homme du tout nucléaire, le défenseur des OGM et de l'agriculture intensive, l'ex-maire d'une ville de Paris livrée à la voiture, achevait sa mue. À l'issue d'un premier mandat présidentiel et alors qu'il se lançait en campagne pour sa réélection, il prononçait à La Haye en septembre 2000 puis à Orléans en mai 2001, deux discours constatant l'accumulation de destructions majeures de l'environnement. Il y avait selon ses dires « *péril en la demeure* »[1]. Un refrain qu'il reprit donc à la tribune des Nations unies. Ce changement de discours sur l'environnement, entre deux mandats présidentiels, offre alors à Jacques Chirac l'occasion d'une rupture. Car s'il y a changement, c'est qu'il y a eu un *Avant* et qu'il y aurait un *Après*.

Mais de quel *Avant* parle-t-on ? C'est Jacques Chirac qui l'explique lui-même lorsqu'il rappelle les « *autres défis* » qui avaient jusqu'ici occupé les esprits et les volontés des décideurs. La reconstruction d'après-guerre, la construction européenne, la décolonisation, la guerre froide et la crise économique de la fin du XXe siècle expliquaient selon lui le désintérêt des dirigeants du monde pour les enjeux écologiques, dont le climat. Le temps était cependant venu, selon le président français, de consacrer l'action politique aux enjeux d'aujourd'hui, tels que la protection de l'environnement. À Johannesburg, Jacques Chirac prévient alors les générations futures, de citoyens comme de présidents : « *Nous ne pourrons pas dire que nous ne savions pas ! Prenons*

1. Discours à Orléans, Jacques Chirac, le 3 mai 2001.

garde que le XXIe siècle ne devienne pas, pour les générations futures, celui d'un crime de l'humanité contre la vie ».

Mais pour Jacques Chirac, l'*Après* ressemblera beaucoup à l'*Avant*. Moins d'un an après ce discours, une canicule extrême frappa la France, comme pour rappeler ses engagements climatiques au président. En juillet de l'année 2003, les températures atteignaient des niveaux sans précédent, provoquant la mort de milliers de personnes. Une vague de chaleur encore rare à l'époque, qui suscita une polémique : le gouvernement avait fait preuve de « *nonchalance*[1] » dans sa gestion de la crise sanitaire. Les alertes lancées par la ministre de l'Environnement quelques semaines auparavant et par un responsable des services du SAMU vis-à-vis d'un risque d'« *épidémie d'hyperthermie* » – c'est-à-dire de coups de chaud, ne seront pas entendues par les principaux ministres en charge du dossier. Mais au-delà de cette polémique, à aucun moment la prévention des canicules ne sera abordée dans un cadre plus général de prévention des impacts du réchauffement climatique. Jamais cette expérience douloureuse ne fut considérée comme un *avant-goût* amer des impacts du réchauffement. Au contraire, on pourra décerner dans cette période la palme de l'esprit d'à-propos à Bernard Kouchner, ministre de la Santé de François Mitterrand puis de

1. « Nonchalance », 12 août 2003, par la rédaction du journal *Le Monde*.

Jacques Chirac et futur ministre des Affaires étrangères de Nicolas Sarkozy. Voulant probablement apporter son soutien au gouvernement dans la gestion de cette crise, celui-ci déclarait à la presse que le gouvernement n'avait pas le pouvoir de « *changer la nature des choses et la température* ». Étonnant, non ? Et le même refrain sera pourtant repris quelques jours plus tard par Jean-François Mattei, alors ministre de la Santé, qui estima « *imprévisible* » la canicule de 2003. Imprévisible ? Pas tant que ça. En effet, limiter la hausse des températures, n'est-ce pas précisément l'objectif ultime des politiques contre les dérèglements climatiques ? En 2001, dans la troisième édition de leur rapport d'évaluation des dérèglements climatiques, les scientifiques du GIEC décrivaient déjà comme probable l'apparition d'événements climatiques extrêmes tels que des canicules en Europe. Ils caractérisaient avec un degré de certitude fort le lien entre les rejets de CO_2 d'origine humaine et le réchauffement global. En somme, les gouvernements étaient déjà fortement invités par les scientifiques à réduire les émissions de gaz à effet de serre pour limiter le réchauffement des températures moyennes et l'intensification des canicules. Malheureusement, il faudra attendre deux années supplémentaires, en 2005, pour voir naître la première loi française visant à réduire les émissions de gaz à effet de serre. Cette même année, une charte de l'environnement sera inscrite dans la Constitution, installant le principe de précaution dans le droit, sans pour autant parvenir par la suite à freiner les pratiques les plus polluantes.

J'ai changé…

Pour les successeurs de Chirac, l'histoire s'est inlassablement répétée. Tous ont fidèlement rejoué la scène de l'épiphanie climatique. Nicolas Sarkozy annonçait dès 2006 avoir lui aussi *changé*, alors que débutait la campagne présidentielle. Se montrant assagi, ouvert aux politiques de gauche comme de droite, souhaitant rassembler, il s'était même fraîchement converti à l'environnement. Une conversion qui étonna tout le monde, y compris au sein de sa propre famille politique, tellement l'ancien ministre de l'Intérieur et de l'Économie n'avait jusqu'alors pas montré le moindre intérêt pour la cause. Mais voilà qu'il signe en décembre 2006 le pacte écologique de Nicolas Hulot. Une étape incontournable à toute candidature aux élections présidentielles en 2007. Il s'était ainsi engagé à mener une concertation large qui devint par la suite le Grenelle de l'environnement, ainsi qu'à doter le ministère de l'Environnement d'un ministre d'État. Il s'était engagé enfin à mettre en place une taxe carbone et à organiser un G20 de l'environnement.

Quelques années plus tard, en 2010, un événement climatique majeur frappe à nouveau la France. La tempête Xynthia submerge de larges zones de la côte Ouest française, entraînant la mort de dizaines de personnes et près de deux milliards d'euros de dégâts. Mais l'analyse des causes de la catastrophe par le gouvernement occulte à nouveau la question du changement climatique. C'est en effet une conjonction extraordinaire de vents violents et de marées particulièrement hautes qui aura provoqué les inondations des zones côtières. Pas de chance donc ! Pourtant le GIEC expliquait dans son quatrième rapport d'évaluation paru en 2007 que le réchauffement de la température moyenne du globe entraînerait une hausse des niveaux des océans et une intensification des tempêtes. Mais en France, l'heure n'est pas à l'environnement en ce début d'année 2010. Une semaine après la tempête Xynthia, Nicolas Sarkozy opérait une mémorable volte-face au salon de l'agriculture de Paris, foulant aux pieds son Grenelle de l'environnement par un retentissant « *l'environnement, ça commence à bien faire !* ». Au lendemain d'une catastrophe climatique, voilà une autre palme de l'esprit d'à-propos bien méritée par Nicolas Sarkozy, et surtout un nouveau rendez-vous manqué avec l'action climatique.

J'ai compris…

En novembre 2014, alors que François Hollande débute sa croisade pour obtenir un accord climatique global à la COP de Paris en 2015, il confie au journal *Le Monde* avoir été marqué par ses entrevues avec les scientifiques du GIEC. « *Au début, on ne croit pas que ce soit possible, mais ils apportent des projections qui sont effrayantes. Ce sont des cataclysmes qui se préparent ; la biodiversité qui disparaît...* ». Nous y voilà ! Deux ans après le début de son mandat, François Hollande confiait donc lui aussi avoir changé, avouant qu'il n'aurait « *peut-être pas parlé comme ça* » deux ou trois ans plus tôt. L'*Avant* pour François Hollande est bien marqué : sa carrière politique, débutée une trentaine d'années plus tôt, est absolument vierge sur la question climatique et plus largement sur l'environnement. Une conversion réelle ? Peut-être, mais il faut quand même noter que la séquence d'épiphanie climatique vient à point nommé pour Hollande. C'est en effet quelques mois plus tard que sera votée la loi de transition énergétique et que sera signé à Paris le premier accord climatique global sur le climat. Une séquence politique formidablement orchestrée pour le président souhaitant montrer une intensification de son action, mais qui n'aura en France que bien peu d'effet. Le mandat de François Hollande se terminera en 2017 par une troisième année consécutive de hausse des émissions de gaz à effet de serre.

À son tour aussi, Emmanuel Macron rejoua la petite musique de la révélation climatique. Il confessait en 2019 avoir changé sur la question du climat. Non pas durant sa jeune carrière de banquier, ni durant celle de secrétaire général adjoint de l'Élysée au temps du président Hollande. Ce n'est pas non plus lorsqu'il était son ministre de l'Économie en 2015, année de la

COP21 à Paris, mais bien en 2019, après deux années passées à la tête du pays. À la veille du sommet du G7, le 23 août, il confiait en effet « *le mouvement de la jeunesse m'a fait réfléchir* », faisant référence aux manifestations régulières pour le climat des collégiens et lycéens. Il rajoutait : « *J'avais des convictions. J'ai changé d'ailleurs très profondément ces derniers mois. J'ai beaucoup lu, beaucoup appris* »[1]. Une nouvelle révélation, un nouvel aveu présidentiel. À l'en croire, il lui manquait jusque-là des éléments de compréhension pour apprécier correctement les enjeux du changement climatique et ainsi remettre en cause ses convictions intimes. Il confirmera son ignorance lui-même quelques mois plus tard, le 13 février 2020, lors d'un déplacement à proximité de la Mer de Glace, au pied du Mont-Blanc. « *Je n'imaginais pas une fonte aussi rapide, c'est impressionnant. On se rend compte comment les non-décisions ont fait en arriver là* ». Nouvelle révélation, donc, pour le président qui visiblement découvrait là l'ampleur du réchauffement climatique et constatait le poids des non-décisions des responsables politiques passés. Une forme d'autocritique ? Pas vraiment. Une charge contre ses prédécesseurs ? absolument. Et la promesse d'une nouvelle séquence politique *Avant / Après* qui intervient après une première moitié

1. Interview d'Emmanuel Macron pour Konbini, le 23 août 2019.

de mandat plus marquée par les discours que par l'action. Une nouvelle confession qui intervient à un moment où le président et son gouvernement restent en quête de premiers succès notoires sur le climat et l'environnement.

Comment tant ignorer quand on est président ?

Mais Emmanuel Macron pouvait-il, comme il le prétend, ignorer les impacts du réchauffement global ? On peut sincèrement en douter de la part d'un homme éduqué et formé au XXIe siècle. Il aura constaté comme nombre d'entre nous l'accélération du réchauffement global depuis le début du siècle. Il aura connu les tempêtes Lothar et Martin de 1999, la canicule de 2003, la tempête Xynthia en 2010, ou encore la succession de records de température de la dernière décennie. Il était secrétaire général adjoint de l'Élysée en 2012, puis ministre de l'Économie en 2015, l'année de la COP 21 à Paris et du vote de la loi de transition énergétique. Enfin, il se montre très concerné par le climat dès son accession à la tête de l'État en 2017, lorsqu'il interpelle le président américain Donald Trump à la suite du désengagement des États-Unis de l'Accord de Paris. Cette même année, un nouveau drame climatique touchait la France. L'île française de Saint-Barthélemy et l'île franco-néerlandaise de Saint-Martin étaient frappées le 6 septembre par l'ouragan

Irma. Classé de catégorie 5 sur l'échelle Saffir-Simpson, est alors d'une surface aussi large que la France métropolitaine. Son passage fera onze morts sur le territoire français, laissant des millions de sans-abri et causant 4 milliards d'euros de dégâts matériels. Irma, l'un des cyclones les plus puissants enregistrés dans l'Atlantique Nord, fera par ailleurs de nombreux dégâts dans une dizaine d'îles des Caraïbes, puis à Cuba et en Floride. Au total, 134 personnes auront trouvé la mort. Mais déjà, Emmanuel Macron semble écarter la cause du dérèglement climatique, en déclarant ne pas pouvoir « *anticiper ce qui n'est pas anticipable* ». Preuve d'un décalage entre le consensus des scientifiques qui prévoient l'intensification des saisons cycloniques et sa propre perception des risques. Preuve, aussi, de son impréparation à les gérer.

Quatre présidents de la République en vingt ans et quatre aveux d'épiphanie climatique. Étonnante similitude entre quatre hommes de trois générations politiques bien distinctes. Des révélations qui auront lieu chaque fois en début ou milieu de mandat présidentiel, et qui se seront chaque fois inscrites dans des séquences médiatiques, visant à valoriser l'engagement climatique de présidents de la République en quête de crédibilité. Des *révélations* qui seront suivies d'échecs cinglants dans la réduction des rejets de gaz à effet de serre. D'une part elles n'auront pas été suivies de rupture tangible dans l'action climatique, et d'autre part, elles installent une certaine complaisance dans l'agenda politique. Car comment être trop sévère vis-à-vis d'un homme politique qui avoue découvrir le sujet climatique et se montre soudain volontaire ? Une petite musique se met en marche, que l'on entend se répéter d'un gouvernement à l'autre : « *Les gouvernements précédents n'ont rien fait* », « *on ne peut pas tout régler d'un coup de baguette magique* », ou encore « *ceux qui critiquent devraient venir nous aider, ils se rendront compte que ce n'est pas si simple* ».

On comprend la dimension pratique de ce récit, mais est-il tout simplement crédible ? Manquer de connaissance ou découvrir les dérèglements climatiques quand on est à l'Élysée en 2002 est déjà un peu surprenant. En 2007 c'est inquiétant, mais en 2012 puis en 2017, cela paraît surréaliste. Ces soudaines découvertes ne sont-elles pas un peu trop opportunes pour être réelles ? Est-il vraiment possible qu'après trente années de carrière politique et de fonctions au sein de l'État, François Hollande et avant lui Nicolas Sarkozy soient élus président sans avoir jamais été au fait des sciences du climat ? Est-il enfin imaginable qu'en 2004, Emmanuel Macron puisse terminer son parcours au sein de Sciences-Po et de l'ENA sans jamais avoir construit une compréhension fine de l'un des grands enjeux globaux du XXIe siècle ? Pouvait-il, ministre de l'Économie de 2014 à 2016, ignorer la fragilité accrue de l'économie française face aux assauts du changement climatique ou encore la contribution majeure de la France aux rejets de gaz à effet de serre ? Cela paraît invraisemblable.

Plus d'un demi-siècle d'histoire semble nous montrer qu'il aura été en réalité très difficile pour nos présidents de passer à côté de l'apport des sciences, des grandes réflexions sur le modèle de développement économique et de trente années de négociations climatiques internationales.

Deuxième partie

L'ESQUIVE

Chapitre 3

Près d'un siècle de science climatique

> *« Que savons-nous aujourd'hui avec certitude ? 2 500 meilleurs scientifiques mondiaux se sont réunis au sein d'un Groupe intergouvernemental, 2 500 scientifiques de tous les pays du monde et que nous ont-ils dit ? Ils nous ont dit que la sécurité du monde est profondément menacée par les changements climatiques. Ils nous ont dit que la concentration des gaz à effet de serre provoquera un réchauffement de la planète jamais vu dans l'histoire de l'humanité. Ces scientifiques ont mis en évidence qu'au-delà d'un seuil de 2 degrés de réchauffement par rapport à l'ère que nous connaissons, il n'y aura plus de retour possible. Les changements seront irréversibles, tant pour les populations que pour la biodiversité. »*
>
> Nicolas Sarkozy, 27 novembre 2007, Pékin.

Dans le rapport *Réchauffement climatique de 1,5* °C que nous citions plus tôt, les scientifiques décrivent les destructions des écosystèmes et des systèmes humains liées à un réchauffement de la température moyenne de l'atmosphère de 1,5 °C. L'ampleur des impacts décrits fait froid dans le dos, tant ils rendraient la vie difficile, bien que sensiblement moins pénible que dans le cas d'un réchauffement à peine plus élevé de 2 °C. Rien de rassurant, d'autant qu'à ce jour, les engagements pris par les pays signataires de l'Accord de Paris conduiraient à un réchauffement de plus de 3 °C d'ici la fin du siècle. En septembre 2019, des scientifiques français du CNRS, du CEA et de Météo-France montraient même que les rythmes actuels d'accroissement des concentrations de gaz à effet de serre dans l'atmosphère pourraient conduire à une élévation de température moyenne du globe de 7 °C[1]. Ni le phénomène du changement climatique, ni son étude par les scientifiques ne sont choses nouvelles. Il a été identifié il y a plus de soixante ans et largement documenté depuis. La communauté des scientifiques alerte avec insistance sur ses causes et conséquences depuis la seconde moitié du XXe siècle. Selon eux, une intervention prompte des États est cruciale. Pour réduire rapidement les émissions de gaz à effet de serre au plus proche de zéro, mais également pour mettre en place des infrastructures adaptées à un climat qui change. Ces faits sont difficiles à ignorer, en particulier quand on est chef d'État – ou qu'on aspire à le devenir – d'une des principales puissances économiques, politiques, mais aussi scientifiques du globe. Au point qu'il est très difficile de croire à la sincérité

1. « Les deux modèles de climat français s'accordent pour simuler un réchauffement prononcé », 2019, Météo France, CNRS et CEA.

d'une prise de conscience tardive de nos quatre derniers présidents de la République. Pour s'en convaincre, reprenons le fil de l'histoire de la science du changement climatique.

Les débuts de la science climatique

L'histoire de la recherche scientifique sur le changement climatique prend racine au début du XIXe siècle par la découverte de l'effet de serre. Il serait long de faire l'historique complet des premières recherches entourant cette découverte, mais nous pouvons au moins citer les travaux du mathématicien et physicien français Jean-Baptiste Fourrier, du physicien irlandais John Tyndall et enfin ceux du prix Nobel de chimie suédois Svante August Arrhenius. Si Fourrier est encore aujourd'hui un mathématicien mondialement connu pour les transformations éponymes – des méthodes de calcul au cœur des technologies modernes d'imagerie digitale et de téléphonie mobile – il l'est également pour avoir, le premier, compris l'effet de serre. Un phénomène constaté un demi-siècle plus tôt par Horace Benedict de Saussure et décrit il y a 200 ans, en 1824 précisément, par Fourrier dans la revue scientifique *Annales de chimie et de physique*. Au sujet des effets des rayons du soleil sur l'atmosphère, il y écrivait : « *la température [du sol] est augmentée par l'interposition de l'atmosphère* ». En 1861, John Tyndall identifiait la vapeur d'eau et le dioxyde de carbone contenu dans l'atmosphère comme les principaux contributeurs à l'effet de serre. Bien entendu, dans le contexte du XIXe siècle, ces découvertes ne sont en aucun cas guidées par la nécessité d'étudier le réchauffement du climat. Les émissions de gaz à effet de serre liées aux activités humaines étaient à cette époque de la fin de l'ère préindustrielle proches de zéro. D'ailleurs, à la fin du XIXe siècle, la question du climat se pose d'une tout autre manière pour Svante August Arrhenius. C'est en étudiant les ères glaciaires qu'il montrera une corrélation entre la hausse de concentration en dioxyde de carbone dans l'air et la hausse des températures moyennes de l'atmosphère. Il conclura en 1906, dans son livre *L'évolution des mondes* que le doublement de la concentration en gaz carbonique dans l'air, qu'un usage accru du charbon pourrait accélérer, provoquerait une hausse de 4 °C des températures moyennes terrestres. Un pronostic que l'on sait aujourd'hui tout à fait crédible, alors que la trajectoire de réchauffement du globe se situe entre 3 à 7 °C d'ici la fin du siècle.

Les années soixante : premières alertes

Il faudra attendre les années 1950, une fois passés les conflits mondiaux de la première moitié du XXe siècle, pour qu'une contribution scientifique majeure, cette fois-ci de l'autre côté de l'Atlantique, fasse émerger la question du changement climatique. Alors qu'il n'a que trente ans en 1958, le physicien américain Charles David

Keeling commence à mesurer le taux de dioxyde de carbone présent dans l'atmosphère au moyen d'un appareil de sa conception. Très vite, il constate que ce taux augmente de manière continue et régulière. En 1960, il publie ses premières constatations dans le journal de géophysique *Tellus*: « *Quand les données mesurées dépassent une année, les moyennes pour la seconde année sont plus élevées* ». En somme : la concentration de CO_2 dans l'atmosphère augmente. Et, là encore, Keeling pointe du doigt la combustion des ressources fossiles comme principal contributeur à ce phénomène. En 1961, il compile une première série de mesures sous la forme d'une courbe qui portera ensuite son nom et qui montre une augmentation régulière et cyclique du nombre de particules de dioxyde de carbone présentes dans l'atmosphère. Quelques années plus tard, en 1965, Keeling contribue avec une soixantaine de scientifiques américains au rapport *Restoring the Quality of our Environment*, à la demande du président américain Lyndon B. Johnson. Conscient semble-t-il d'une situation inquiétante, le président américain écrit en préambule du rapport un constat alarmant sur les pollutions de l'environnement : « *La pollution est aujourd'hui l'un des problèmes les plus présents de notre société. Avec l'augmentation de notre population et l'urbanisation et l'industrialisation croissante, le flux de polluants dans l'air, les sols et les eaux augmentent. Cette augmentation est si rapide que nos efforts actuels dans la gestion de la pollution sont à peine suffisants pour rester à l'équilibre, sûrement pas assez pour apporter les améliorations qui sont nécessaires* ». Dans ce rapport, un chapitre concerne spécifiquement le changement climatique dans lequel Keeling et ses collègues exposent les liens entre l'augmentation des émissions de gaz à effet de serre et l'utilisation du charbon, du pétrole et du gaz. Ils y décrivent aussi certains des effets futurs possibles de l'augmentation de la concentration de ces gaz dans l'atmosphère : le réchauffement de la température de l'air compris entre 0,6 °C et 4 °C, la fonte des glaces de l'Antarctique, l'élévation du niveau des eaux des océans et le réchauffement. Mais surtout, les scientifiques exposent dans ce rapport une conclusion qui sera, nous le verrons, discutée durant des décennies par les climatosceptiques, bien que sans cesse réaffirmée par les scientifiques du GIEC : « *nous sommes assez certains que la combustion des combustibles fossiles a été la seule source de dioxyde de carbone entrant dans l'atmosphère au cours des dernières années, lorsque des mesures précises de la teneur en dioxyde de carbone atmosphérique ont été disponibles* ». Nous sommes en 1965 ! C'est-à-dire 25 années avant le premier rapport d'évaluation du GIEC, quarante ans avant la première loi française sur le climat et cinquante ans avant les Accords de Paris. Et déjà les scientifiques américains désignent avec certitude les activités humaines comme principales responsables de la hausse des niveaux de dioxyde de carbone dans l'atmosphère. S'il reste à l'époque des doutes sur les impacts de ce réchauffement du climat, les scientifiques alertent déjà sur leur ampleur probable et les conséquences sur nos modes de vie. Mais cette alerte restera lettre morte. De la fin des années 1960 jusqu'à la fin du XXe siècle la première économie mondiale va considérablement accroître sa production d'électricité provenant du charbon ainsi que ses extractions pétrolières afin de favoriser son développement économique. Conséquence ? les émissions de gaz à effet de serre des États-Unis augmenteront jusqu'à représenter, aujourd'hui encore, 10 % des rejets annuels de gaz à effet de serre à l'échelle mondiale.

Les années quatre-vingt : l'âge des certitudes

Il faudra attendre une quinzaine d'années supplémentaires de recherches et l'introduction de moyens de modélisation plus puissants pour que le lien entre l'augmentation de concentration des gaz à effet de serre dans l'atmosphère et le réchauffement de la température du globe se révèle tout à fait certain. C'est à nouveau du côté des États-Unis qu'il faut se tourner avec le rapport piloté en 1979 par le météorologue Jule Charney sur l'effet d'un accroissement des rejets de dioxyde de carbone d'origine humaine dans l'atmosphère. Il conclut que « *si l'on suppose que la teneur en CO_2 de l'atmosphère sera doublée et que l'équilibre thermique statique est atteint, les tentatives les plus réalistes de modélisation* *prédisent un réchauffement de la surface de la planète compris entre 2 et 3,5 °C, avec des augmentations plus importantes sous les hautes latitudes*». Des conclusions qui confirment celles de 1965.

En novembre de la même année, l'Organisation météorologique mondiale se réunit à Genève pour la première conférence mondiale sur le climat. Ses membres y concluent que les émissions de carbone liées aux activités humaines pourraient avoir un effet à long terme sur le climat et qu'il sera nécessaire d'étudier plus en détail le phénomène.

En 1987, une nouvelle découverte vient une fois de plus confirmer les liens entre l'élévation du taux de CO_2 dans l'atmosphère et la température moyenne du globe. Elle est menée par des climatologues français du CNRS, Claude Lorius et Jean Jouzel, qui publient dans la revue *Nature* leurs analyses de carottes de glace prélevées par les Russes entre 1982 et 1983 près de la base de Vostok en Antarctique. En mesurant les niveaux de deutérium, un isotope de l'hydrogène présent dans les différentes strates de glace, ils arrivent à établir la température du globe sur une période de 150 000 ans. En croisant ces résultats avec les mesures de CO_2 piégé dans les mêmes carottes glaciaires, ils parviennent aussi à montrer que les variations naturelles de CO_2 dans l'atmosphère ont entraîné par le passé des variations de température globale. Ce qui restait alors pour les climatologues une hypothèse de travail de plus en plus crédible était désormais éprouvé à l'échelle du temps long.

Ainsi, en cette fin des années 1980, les scientifiques établissent les constats suivants : d'une part, les émissions de gaz à effet de serre augmentent fortement et régulièrement depuis la fin de l'ère préindustrielle, c'est-à-dire depuis 1850, à des niveaux et rythmes bien plus élevés que ceux connus durant les siècles précédents. D'autre part, le taux de CO_2 dans l'atmosphère et la température moyenne du globe augmentent de manière corrélée. Enfin, ils identifient déjà un rôle, important sinon principal des émissions de gaz à effet de serre d'origine humaine dans le phénomène.

Par la suite, les scientifiques orienteront une partie de leurs recherches dans deux domaines. L'un pour détailler ce que l'augmentation rapide des taux de CO_2 dans l'atmosphère doit aux activités humaines. L'autre afin de mieux connaître les impacts du réchauffement de la température du globe sur l'environnement. C'est dans cet esprit que l'OMM, l'Organisation météorologique mondiale, avait créé le programme climatique mondial dès 1979, afin de dynamiser la recherche sur le climat moderne par une coopération scientifique internationale et faire connaître au plus grand nombre, notamment aux décideurs, la synthèse des recherches scientifiques. C'est aussi avec cette mission spécifique que le GIEC sera créé par l'OMM au sein de ce programme, en 1988, comme une étape supplémentaire de la coopération scientifique internationale sur le climat. Car si pour les scientifiques de la fin des années 1980 l'existence d'un réchauffement global ne fait plus de doute, le monde politique, lui, est resté pour l'essentiel très éloigné du sujet.

Au cours des trente dernières années, les travaux de synthèse des recherches scientifiques du GIEC ont systématiquement confirmé les théories nées dans la seconde moitié du XXe siècle. À savoir que le réchauffement des températures du globe est en cours, qu'il s'accélère, et que ses principales sources sont les rejets anthropiques de gaz à effet de serre dans l'atmosphère. Dès le premier rapport d'évaluation du GIEC publié en 1990, les scientifiques rassemblaient l'essentiel des recherches sur le climat pour conclure qu'au-delà de l'existence d'un effet de serre naturel, ils ont, disent-ils, « *la certitude que les émissions dues aux activités humaines accroissent sensiblement la concentration dans l'atmosphère des gaz à effet de serre* ». Des conclusions maintenues dans le second rapport d'évaluation en 1995, où de nouvelles méthodes de calcul permettent de mieux distinguer les émissions d'origine anthropique de celles d'origine naturelle. Le CO_2 et les autres GES présents dans l'atmosphère sont d'origine naturelle lorsqu'ils proviennent par exemple de l'éruption des volcans, des incendies naturels de forêt, de la respiration des animaux sauvages ou des végétaux, ou encore du pourrissement des matières organiques. Ils sont d'origine anthropique lorsque leur rejet dans l'atmosphère est dû aux activités humaines. Citons par exemple : la production d'électricité à partir du charbon et du gaz, les moteurs à essence, diesel ou au gaz, les feux de cheminée, la digestion des élevages de bétail, la décomposition des déchets créés par l'homme, les engrais chimiques, etc. Cette distinction entre les sources naturelles et anthropiques dans l'accroissement du taux de gaz à effet de serre dans l'atmosphère est importante. En cette fin du XXe siècle, confirmer l'origine des émissions de gaz à effet de serre responsables de l'augmentation de température du globe est essentiel pour engager la responsabilité des États dans la recherche d'une solution.

Au début du XXIe siècle, le GIEC s'affirme

En 2000, le troisième rapport d'évaluation des changements climatiques affirme que le réchauffement observé depuis 1950 trouve principalement son origine dans les rejets de gaz à effet de serre d'origine anthropique. Dans le quatrième rapport, publié en 2007, les scientifiques soulignent que « *le réchauffement du système climatique est sans équivoque* », et ils affirment que « *l'essentiel de l'élévation de la température moyenne du globe observée depuis le milieu du XXe siècle est très probablement attribuable à la hausse des concentrations de gaz à effet de serre anthropique* ». Les mots employés par les scientifiques restent longtemps prudents malgré les faisceaux d'évidences qui convergent. Ils ont été particulièrement soucieux de préserver la crédibilité de leurs travaux. Car en face d'eux, les lobbies s'organisent. Les entreprises dont les activités concernent l'extraction ou la combustion du charbon, du pétrole et du gaz ainsi que certains États dont les revenus en dépendent, organisent la riposte pour ralentir l'émergence de la science climatique qui, de plus en plus, pointe du doigt les principaux responsables. Encore aujourd'hui, les cinq plus importantes compagnies pétrolières au monde, parmi lesquelles figure l'entreprise française Total, investissent massivement pour influencer à leur avantage les décisions politiques et économiques concernant leurs activités et altérer l'image de leurs opposants. Selon un rapport de l'ONG britannique *InfluenceMap* paru en 2019[1], ces entreprises auraient investi 1 milliard de dollars dans les activités de lobby depuis la signature de l'Accord de Paris en 2015. Ce lobbying féroce a pour but de protéger les intérêts des industriels, quitte à freiner durablement la lutte pour la protection de l'environnement. En effet, la rentabilité de ces entreprises dépend de leur capacité à polluer : en 2019, selon l'organisation britannique, seuls 3 % de leurs investissements concernaient des projets bas-carbone.

En 2014, le cinquième et dernier rapport d'évaluation publié à ce jour concluait de manière définitive et non équivoque : « *les émissions anthropiques de gaz à effet de serre, qui*

1. Big Oil's Real Agenda on Climate Change, 2019, InfluenceMap.

augmentent depuis l'époque préindustrielle en raison essentiellement de la croissance économique et démographique, sont actuellement plus élevées que jamais, ce qui a entraîné des concentrations atmosphériques de dioxyde de carbone, de méthane et d'oxyde nitreux sans précédent depuis au moins 800 000 ans. Leurs effets, associés à ceux d'autres facteurs anthropiques, ont été détectés dans tout le système climatique et il est extrêmement probable qu'ils étaient la cause principale du réchauffement observé depuis le milieu XXe siècle ».

Ce trop court historique des sciences climatiques ne rend certainement pas un hommage suffisant à l'ensemble des femmes et des hommes qui depuis plusieurs siècles contribuent à décrire l'effet de serre, le réchauffement de l'atmosphère, le changement climatique et à établir le lien entre ces phénomènes et les activités humaines. Cependant, il permet d'avoir les idées claires sur le très haut niveau de compréhension de la communauté scientifique. Les bases de la compréhension du changement climatique étaient très amplement posées dès la fin des années 80. Et si des interrogations subsistaient alors quant à l'ampleur de la contribution des émissions d'origine anthropique sur le réchauffement global et sur ses conséquences futures, les scientifiques les ont définitivement levées au tournant du siècle.

Ainsi, l'épiphanie climatique des quatre présidents français du XXIe siècle apparaît d'autant plus incroyable qu'elle intervient tardivement.

De nombreuses années après que la communauté scientifique eut décrit le phénomène avec précision et signifié l'urgence à y répondre.

Chapitre 4

Un demi-siècle de critiques du modèle économique

> *« Depuis 1992, nous avons accumulé trop de retard dans la lutte contre le réchauffement climatique. [...] Aujourd'hui, il faut mettre la force créatrice des économies modernes au service de la lutte contre le changement climatique, nouvelle frontière de notre développement. »*
>
> Jacques Chirac, le 20 septembre 2000, La Haye, Pays-Bas.

En l'espace de deux années et trois discours, à La Haye en novembre 2000, à Orléans en mai 2001 et enfin à Johannesburg en septembre 2002, Jacques Chirac aura posé une description assez complète du contexte et des enjeux du dérèglement du climat. Jamais avant lui, ni après, un président de la République française n'aura discouru avec autant de justesse sur le phénomène, ses origines et les solutions à y apporter.

Une prise de conscience cependant tardive pour le président élu en 1995, puisqu'elle intervient à la fin de son premier mandat présidentiel, et plus d'une décennie après les travaux fondateurs des scientifiques français Jean Jouzel et Claude Lorius.

Une prise de conscience cependant vaine. La « *révolution écologique, la révolution (des) modes de production et de consommation* » auxquelles Jacques Chirac appelait de ses vœux après avoir martelé que « *notre maison brûle* », ces deux révolutions n'auront pas lieu dans le second mandat qu'il inaugurait tout juste en 2002.

L'orateur habile se sera semble-t-il heurté aux contradictions de sa doctrine économique sans jamais savoir – vouloir ? – les dépasser. Changer les modes de production et de consommation signifiait s'émanciper d'un modèle économique extractiviste et productiviste. Un modèle pour lequel Jacques Chirac, ministre, premier ministre, maire de Paris puis président de la République, aura toujours œuvré.

Jacques Chirac, comme tous ses successeurs, se sera toujours tenu à distance des réflexions et critiques qui secouent le monde de l'économie depuis les années 1970.

La critique du modèle de développement

Alors que nos présidents « *regardaient ailleurs* », une prise de conscience s'opérait parmi les fonctionnaires des institutions internationales ainsi que chez certains responsables politiques et cadres dirigeants d'industrie. Une série de rapports critiques paraît en effet dans les années 1970 et 1980, conduisant progressivement à une remise en cause du modèle de développement et à la définition de doctrines politiques et économiques nouvelles et alternatives. Ces rapports appellent à une mise à jour des doctrines économiques des États et de leurs leaders, afin d'intégrer à la fois une juste répartition des richesses et l'impératif de conservation de notre environnement. Un appel difficile à ne pas entendre lorsque comme Jacques Chirac, on a pris « *conscience de notre défaillance* », mais qui, hélas, ne sera jamais pris en compte par les responsables politiques français.

Reprenons à nouveau le chemin de l'histoire. L'émergence de réflexions critiques de l'économie moderne à la fin du siècle dernier pose non seulement les bases d'une réponse politique à l'appel de la communauté scientifique à agir contre le réchauffement climatique, mais elle apporte aussi un éclairage sur la prise de conscience des quatre plus récents présidents de la République français.

« *Nous sommes une nation de richesses, mais les technologies qui sont à l'origine de notre abondance ont rejeté de vastes quantités de déchets et de produits usés qui polluent l'air, empoisonnent nos eaux et affectent même notre capacité à nous nourrir* ». Cette phrase du président américain Lyndon Johnson inscrite au préambule du rapport de 1965 « *Restoring the Quality of our Environment* » – dont nous parlions plus tôt – introduit la problématique. Du constat du président Johnson à une critique du modèle de développement économique des États-Unis, il n'y avait qu'un pas.

Le rapport Meadows

Un pas qui sera franchi par le club de Rome, fondé en avril 1968 et qui rassemble des fonctionnaires économistes de l'Organisation de coopération sur le développement économique, l'OCDE, ainsi qu'une poignée d'industriels et de scientifiques. Attachés à mieux comprendre une crise sociétale et environnementale grandissante et à y apporter des solutions politiques, les membres du club de Rome s'associent aux chercheurs du M.I.T, le très réputé Institut de technologie du Massachusetts, pour publier en 1972 le rapport « *The limits to Growth* » ; en français, « *Les limites à la croissance.* » Aussi connu sous le nom de rapport Meadows, du nom de l'un de ses principaux rédacteurs, celui-ci pointe du doigt les impacts négatifs sur l'environnement et sur le bien-être des personnes et qui proviennent de l'obsession des puissances politiques et économiques pour la croissance. Une croissance économique adossée à l'extraction croissante de ressources naturelles, à la consommation d'énergie et à la production massive de produits manufacturés. Le rapport a connu un véritable succès auprès du grand public à qui, pour la première fois depuis l'après-guerre, était donnée la possibilité de questionner les choix concernant le développement économique et les concessions faites vis-à-vis de la santé et de l'environnement. Ce rapport sera à l'origine de mouvements de réflexion sur la croissance, et contribuera à poser par ailleurs les bases du concept de développement durable. Un concept qui ne verra pourtant le jour qu'une longue décennie plus tard.

Les rapports de 1965, *Restoring the Quality of our Environment*, et de 1972, *The Limits to Growth*, ont permis d'initier une prise de conscience des décideurs quant aux périls que l'exploitation sans limite des ressources naturelles fait peser sur l'environnement. Le développement des sociétés modernes sur la base d'un tel modèle ne serait donc ni éternel, ni sans conséquence sur la qualité de vie actuelle et future des populations. Signe que cette réflexion émerge au plus haut niveau, les Nations unies organisent en 1972 le premier sommet de la Terre à Stockholm, consacré à la protection de l'environnement et à la lutte contre la pauvreté.

Le débat se propage en Europe

La même année, inspiré par le rapport Meadows, le néerlandais Sicco Mansholt, ancien commissaire européen à l'Agriculture, et l'un des constructeurs de l'Union européenne moderne, lance un cri d'alarme. Avouant avoir vécu une véritable révélation à la lecture du rapport, Mansholt demande à Franco Malfatti, président en exercice de la Commission des Communautés européennes – devenu aujourd'hui Commission européenne, « *une forte réduction de la consommation des biens matériels par habitant, compensée par l'extension des biens incorporels […], la prolongation de la durée de vie de tous les biens d'équipement [...], la lutte contre les pollutions et l'épuisement des matières premières*». Un vrai programme de transformation de l'économie dans le but de protéger l'environnement et de partager les richesses. On le sait aujourd'hui, ce projet économique aurait permis d'éviter l'envolée des émissions de gaz à effet de serre en Europe. Hélas, l'Union européenne peine encore aujourd'hui à embrasser cette voie. Mansholt deviendra quelques semaines plus tard président de la Commission européenne, mais il trouvera en face de lui un farouche opposant à cette remise en cause de la croissance: l'économiste libéral français Raymond Barre, alors vice-président de la Commission en charge de l'économie et des finances et futur Premier ministre de la France, à partir de 1976. En France, le dédain affiché par Valéry Giscard d'Estaing, alors ministre de l'Économie et des Finances et qui sera élu deux ans plus tard à l'Élysée, traduit bien l'état d'esprit de la classe politique française: «*Devenir objecteur de croissance*», hors de question! Même refrain à gauche où le socialiste François Mitterrand qualifiera de «*vue trop étroite*» l'idée de croissance zéro et où le communiste Georges Marchais y verra l'ombre d'un complot[1]. Des responsables politiques et des chefs de parti, de droite comme de gauche, qui verrouilleront le débat politique

1. «De Meadows à Mansholt: l'invention du zegisme», 2011, Thimothée Duverger, *Entropia*, n° 10.

français au-delà des années 1970 à 1990, et qui veilleront à ce que jamais n'émergent, au sein de leurs partis respectifs, des majorités critiques du modèle économique et de ses impacts négatifs grandissant sur l'environnement.

Le premier choc pétrolier de 1973, et la crise économique qui suivra, mettront de toute façon un terme aux débats sur les conséquences du modèle économique. L'ensemble des économies du monde se mettent alors à chercher comment retrouver des marges financières. Elles reprennent le chemin du productivisme et des grands projets d'infrastructures afin de retrouver la croissance et limiter les destructions massives d'emploi. En 1974, apparaît cependant la première candidature au nom de l'ensemble des mouvements écologistes, celle de René Dumont, qui dénonce une croissance économique qui entraînera « *des bouleversements climatiques incontrôlables* »[1]. Il obtient moins de 1,5 % des voix. De son côté, Jacques Chirac deviendra premier ministre fin mai 1974, au lendemain de l'élection à la présidence de la République de Valéry Giscard d'Estaing. Pour eux, l'heure est à la relance de l'économie française par des grands projets industriels et d'infrastructures, quels que soient leurs coûts environnementaux.

Cependant, les réflexions se poursuivent. En 1976, les chercheurs suisses Walter Stahel et

1. Discours de campagne présidentielle, 1974, René Dumont, INA.

Geneviève Reday remettent à la Commission européenne le rapport intitulé « *Le potentiel de substitution de l'énergie par la main-d'œuvre* »[1] que leur avait commandé trois années plus tôt le président Mansholt. Il s'agissait notamment d'identifier les moyens de limiter la dépendance des États membres au pétrole. Dans cet ouvrage, les chercheurs posent les bases de l'économie circulaire, une organisation des secteurs économiques qui permet de produire et consommer de manière plus économe les ressources dans toutes les étapes du cycle de vie des produits. L'économie circulaire définissait alors les moyens de maintenir l'emploi sans détruire l'environnement, en réduisant les extractions minières et les dépendances aux énergies fossiles. Recycler, refabriquer, réemployer et réparer, une formule qui rompt alors avec celle de l'économie désormais appelée linéaire : extraire, fabriquer, jeter… et polluer.

La décennie qui se dessine à la fin des années 1970 voit les relations entre puissances mondiales se complexifier. La crise économique liée au premier choc pétrolier se poursuit avec un deuxième choc en 1979, exacerbant à nouveau les tensions entre les nations. C'est une seconde guerre froide qui s'installe et promet à nouveau de geler les coopérations internationales. Pour autant, une dynamique nouvelle de prise de conscience sur le climat

1. « *Jobs for tomorrow: the potential for substituting manpower for* energy », 1976/1981, Walter Stahel et Geneviève Reday-Mulvey.

et l'environnement émerge au sein des administrations et gouvernements de certains pays, ainsi que dans les institutions onusiennes. Deux événements majeurs verront ainsi s'unir hommes et femmes, politiques et scientifiques du globe, permettant d'espérer qu'un processus de négociations globales sur le climat émerge et réussisse.

L'heure du développement durable

Le premier est la publication du rapport « *Our Common Future* », en français « Notre avenir à tous », publié en 1987 par la Commission mondiale sur l'environnement de l'ONU. Un rapport, on le verra, fondateur de l'écologie politique moderne. Les trois discours de Jacques Chirac, entre 2000 à 2002, sur le changement climatique et les destructions environnementales s'en inspireront d'ailleurs très largement. Après une décennie marquée « *par une régression de l'intérêt porté aux problèmes urgents mais complexes qui sont reliés à notre survie même : réchauffement de la terre, menaces contre la couche d'ozone de la planète, désertification des terres agricoles* », la présidente de la commission, la femme d'État norvégienne Gro Harlem Brundtland, croit voir une détente dans les relations internationales propice à l'émergence de nouvelles coopérations qui permettraient « *de vivre de plus grands espoirs, de poursuivre ensemble des objectifs communs et de faire preuve d'une volonté politique plus forte afin de faire face à notre avenir à tous* ». Pour y parvenir, « *Our Common Future* » dresse un panorama des dangers et des enjeux communs à l'ensemble des nations et des sociétés humaines. Il conclut à la nécessité d'un effort commun accru pour lutter contre la pauvreté et la destruction de l'environnement. Le rapport Brundtland met en évidence des causes communes aux principaux enjeux sociaux tels que la pauvreté, la famine, la santé, etc., et aux enjeux environnementaux tels que la destruction de la biodiversité, le réchauffement climatique, la pollution des eaux, des sols et de l'air. Une des conclusions des auteurs du rapport, issus d'une vingtaine de pays, est que le progrès issu du développement est annulé par les impacts négatifs du modèle de développement lui-même. Pour y remédier, la Commission propose la mise en place d'un agenda global pour le changement, dont les objectifs et les moyens seraient ensuite déclinés à l'échelle de l'ensemble des territoires du monde. Elle propose surtout une nouvelle doctrine politique, celle du développement durable. C'est-à-dire une politique qui permettrait de satisfaire les besoins du présent sans compromettre la capacité des générations futures à répondre à leurs propres besoins. Le rapport propose, en outre, de modifier les indicateurs de croissance économique, de telle sorte que la richesse des pays reflète leur capacité à préserver le capital écologique, à assurer une distribution équitable des revenus et à réduire la vulnérabilité des populations aux crises environnementales économiques.

C'est ainsi que, dès la fin des années 1980, avec la conceptualisation de l'économie circulaire et la définition du développement durable, se structure une nouvelle doctrine politique à même de réduire les destructions environnementales et de mettre un terme à la hausse des émissions de gaz à effet de serre dans l'atmosphère.

L'exemple de la couche d'ozone

Un second événement majeur vient lui aussi contribuer à l'émergence de nouveaux espoirs en 1987 : la ratification des accords de Montréal pour résorber le *trou* dans la couche d'ozone. L'appauvrissement de la couche d'ozone dans l'atmosphère est dû aux gaz chlorofluorocarbures, les CFC, notamment présents jusque dans les années 1980 dans les aérosols et les réfrigérateurs. Le problème est majeur, puisque la couche d'ozone de l'atmosphère protège la terre de certains rayonnements du soleil qui, sans elle, provoqueraient un réchauffement brutal de la surface de la planète. Il ne fallut qu'une vingtaine d'années pour que le travail d'analyse et les alertes des scientifiques soient pris en compte par les responsables politiques et conduisent à une solution globale : l'interdiction progressive des CFC. L'effort fut progressivement soutenu par les entreprises du secteur qui avaient déjà identifié des alternatives. Un effort qui devrait permettre de restaurer la couche d'ozone d'ici un demi-siècle. Cet épisode est intéressant car le phénomène est relativement proche de celui des dérèglements climatiques : des gaz sont rejetés dans l'air par les activités humaines et créent un déséquilibre de l'atmosphère mettant en péril l'humanité. Mais, si l'issue de ces négociations est favorable et aura montré la capacité des États, des scientifiques et des entreprises à collaborer, les négociations climatiques rencontrent de leur côté un obstacle majeur. C'est le principal moteur de l'économie mondiale qui est remis en cause : l'extraction et la combustion de ressources énergétiques fossiles.

Les premières négociations climatiques

C'est ainsi qu'à la fin des années 1980, les espoirs alimentés par l'émergence de nouveaux outils politiques et le succès des négociations internationales visant à restaurer la couche d'ozone seront finalement déçus. Dans son excellente enquête parue dans le *New York Times* en août 2018 sous le titre « *Loosing earth. The decade we almost stopped climate change* »[1], le journaliste Nathaniel Rich décrit comment les conclusions alarmantes des scientifiques et des météorologues américains à la fin des années 1970 ont mis en émoi l'administration américaine du président Jimmy Carter autant que certains dirigeants du Parti républicain américain. Une prise de conscience au plus haut niveau, qui se

1. « *Loosing earth. The decade we almost stopped climate change* », 2018, Nathaniel Rich.

traduira par des premières négociations au sein du G7 en 1979 et qui se conclura par l'organisation, en 1988 et 1989, de deux sommets internationaux multipartites sur le climat à Toronto puis Noordwijk. Les espoirs d'adopter un objectif commun de gel des émissions de gaz à effet de serre d'ici 2005, voire d'une réduction de gaz à effet de serre de 20 %, sont initialement bien réels. Mais la suite est bien peu brillante. Les républicains arrivent au pouvoir en 1981 avec à leur tête Ronald Reagan, un président particulièrement proche des groupes industriels et à l'écoute de leurs intérêts. Selon les confidences provenant du ministère suédois et rapportées par le journaliste, les dirigeants américains feront « *tout foirer* », et seul un accord a minima sera trouvé, sans aucune contrainte ni objectif de réduction des GES. Pour la première fois, les entreprises du pétrole auront mobilisé leur force de frappe économique pour contrecarrer le discours des scientifiques et des météorologues.

Cet échec retentissant, aujourd'hui encore, interpelle. Il révèle l'impuissance des scientifiques à imposer leurs visions face aux défenseurs du modèle économique en place et à la puissance de leur soutien dans les milieux économiques. Déjà à l'époque les scientifiques ne parviendront pas à avoir raison de la politique économique de court terme et ils devront s'effacer devant les intérêts des compagnies pétrolières et des États-Unis. Un conflit d'autorité opposant d'un côté la science climatique et de l'autre les intérêts économiques qui continue d'alimenter le débat aujourd'hui. D'un côté la société civile et notamment les organisations non gouvernementales et les mouvements de la jeunesse qui exigent une approche politique cohérente avec les conclusions des scientifiques du GIEC, et de l'autre des investisseurs publics et privés qui continuent d'investir massivement dans la construction de centrales à charbon, l'exploitation de pétrole et du gaz, et dans des industries de plus en plus énergivores.

Cet épisode mettra en lumière l'impérieuse nécessité d'asseoir l'autorité des scientifiques ; ce que permettra la création du GIEC en 1988. Il s'agira aussi de poursuivre l'effort de négociation au sein d'une communauté plus large de nations. L'ONU mettra ainsi en place un nouveau cycle, celui des conférences des parties, les COP, à partir de 1995.

Ainsi, la fin des années 1980 se solde sur un échec des premières négociations climatiques, mais aussi sur une prise de conscience de certains dirigeants. Les causes des dérèglements climatiques sont clairement identifiées : le déploiement d'un modèle économique qui repose sur l'exploitation croissante des énergies fossiles et des matières premières et le choix d'en ignorer les conséquences environnementales. Bien que déjà certaines nations s'inquiètent des effets du réchauffement climatique, les impacts à court terme sur l'économie constituent un facteur de résistance.

Le décalage des présidents français

Dans cette époque où l'on s'agite pour la première fois autour des pollutions globales, la France voit une génération de futurs présidents s'installer au pouvoir. En 1974, puis en 1987, Jacques Chirac est nommé Premier ministre. En 1971, François Hollande entame une décennie d'études supérieures très politiques, à l'Institut d'études politiques de Paris (Sciences-Po) d'abord, puis à HEC et enfin à l'ENA. Une période durant laquelle il s'engage auprès des socialistes. Il sera élu député pour la première fois en 1988, la même année que Nicolas Sarkozy, lui aussi passé par l'Institut d'études politiques de Paris après un DEA en science politique. Les deux futurs présidents de la République, François Hollande et Nicolas Sarkozy, s'installent alors durablement dans le paysage politique français où ils demeurent aujourd'hui encore très influents. Avec un engagement précoce en politique dans une époque où la science du changement climatique et les réflexions sur les impacts du développement économique s'invitent avec force dans le champ politique, il demeure très difficile de croire à une totale virginité des présidents sur la question environnementale et plus spécifiquement climatique.

Pourtant, il faudra attendre plus de dix ans pour entendre Jacques Chirac parler de l'environnement et du climat et près de 20 ans pour que Nicolas Sarkozy et François Hollande confessent de bien fragiles prises de conscience. Rendons-nous compte !

Faut-il voir en ce décalage la défaillance des formations en science politique des grandes écoles françaises ? Le manque de recul des responsables politiques sur les grands enjeux ? L'absence de réflexion collective au sein des partis politiques ? Une réelle ignorance, ou un désintérêt réel ? Ou tout simplement, faut-il y voir la domination des injonctions économiques de court terme sur les faits scientifiques, même les plus établis. Toujours est-il que ce n'est ni l'absence d'éléments scientifiques ni l'absence de débat sur l'impact de l'économie qui auront empêché ces trois hommes d'accéder à une conscience de l'enjeu climatique et environnemental dès la fin des années 1980.

Chapitre 5

Trente années de négociations climatiques internationales

« Il faut être arrogant comme l'homme pour penser que c'est nous qui avons changé le climat. […] On a fait une conférence sur le climat. On parle beaucoup de dérèglement climatique, c'est très intéressant, mais ça fait 4,5 milliards d'années que le climat change. L'homme n'est pas le seul responsable de ce changement. »

Nicolas Sarkozy le 14 septembre 2016, lors d'une rencontre organisée par l'Institut de l'entreprise à Paris.

Aux avancées des sciences climatiques depuis les années 1960, puis aux critiques du modèle de développement économique des décennies 1970 et 1980, succède une période intense, de 1990 à la fin des années 2000, où se multiplient les rendez-vous annuels de négociations climatiques internationales, les publications de scientifiques adaptées aux décideurs et les événements climatiques extrêmes plus fréquents que jamais. Une période où le changement climatique s'installe dans la vie de nombreux peuples.

Le sommet de Rio

Reprenons le fil de l'histoire où nous l'avons laissé, à la fin des années 1980, alors que la dynamique de négociations sur le climat et plus généralement l'émergence d'une nouvelle doctrine politique économique capable de protéger le capital environnemental de la terre se sont révélées impuissantes face à l'influence des entreprises du pétrole, du charbon, du gaz et des pays dont l'économie en dépend. Pourtant, poussés par les scientifiques et les Nations unies, les États continuent de construire progressivement un cadre international de lutte contre le dérèglement climatique. Mais ne soyons pas naïfs, ce cadre complexe, est autant pour certains, États ou industriels, un moyen de ne pas avancer trop vite, qu'il est un espoir pour d'autres de voir les négociations se conclure un jour. Ainsi, en 1992, le sommet de la Terre de Rio de Janeiro où 120 États sont représentés, sonne un nouvel appel des dirigeants du monde à se mobiliser au chevet de la planète. Ce sommet voit la création d'un cadre de négociations sur le climat sous l'égide des Nations Unies : la Convention-cadre des Nations unies sur les changements climatiques. C'est dans ce cadre que les COP seront organisées chaque année à partir de 1995, réunissant l'ensemble des parties prenantes – États, scientifiques, territoires, entreprises et associations, impliquées dans la résolution du réchauffement climatique. Et cette mobilisation est nécessaire. Certes, le sommet de

Rio de Janeiro en 1992 débouche sur une ambition globale, celle de revenir en 2000 au niveau des émissions de gaz à effet de serre de 1990. Mais l'action des États sera très insuffisante : les émissions globales bondiront sur cette période de 10 %. En Europe, l'Allemagne est engagée dans un processus de réunification depuis 1989 et entame la fermeture de certains sites industriels dangereux et polluants de l'ex-Allemagne de l'Est. Elle parvient ainsi facilement à baisser, de 17 %, ses émissions entre 1990 et 2000. Le Royaume-Uni lui aussi entame une réduction de ses émissions qui atteindra près de 13 % en 2000. Mais d'autres puissances économiques continuent d'accroître leurs émissions de gaz à effet de serre. Le Japon, l'Italie, les États-Unis connaîtront des hausses proches de 10 % sur cette période ; la Chine et l'Espagne de 30 %. De son côté, la France verra ses émissions légèrement croître de 1990 jusqu'au milieu des années 2000.

Les conférences pour le climat

Après le sommet de Rio, une nouvelle dynamique de négociation sur le changement climatique se met en place et c'est à Berlin que les chefs d'État, les scientifiques et ONG, se donnent rendez-vous pour la première COP en avril 1995. En France, Jacques Chirac devient président de la République avec un programme très superficiel sur l'environnement. Nicolas Sarkozy, ministre du Budget et porte-parole du gouvernement d'Édouard Balladur de 1993 à 1995, entame pour sa part une longue traversée du désert politique qu'il ne mettra malheureusement pas à profit pour étudier les impacts de l'économie française sur le climat et l'environnement.

Mais revenons à Berlin, en avril 1995, où s'ouvre la première COP sur le climat. Ministre de l'Environnement et de la Sécurité nucléaire d'une Allemagne fraîchement réunifiée, Angela Merkel est désignée présidente de cette première conférence. L'objectif est clair : effacer l'échec des négociations de la fin des années 1980, pour définir rapidement des objectifs de réduction de gaz à effet de serre et des actions communes à l'ensemble des pays du monde. À cette conférence, le président du GIEC s'exprime clairement sur les enjeux, notamment sur les conséquences du réchauffement climatique. Il prévient : les mesures adoptées par les États pourraient ne pas être très onéreuses à moins qu'elles ne soient trop tardives, auquel cas leur coût serait bien plus élevé. Malgré l'énergie déployée par les négociateurs, la première COP ne débouchera sur aucun plan d'action à court terme, faute de processus clair de décision entre les États. On comprend déjà que le monde entre dans un long, très long, processus de négociations climatiques. Deux années plus tard, lors de la troisième COP, à Kyoto au Japon, un accord engageant les pays les plus riches est enfin trouvé. Il faudra cependant attendre le début de l'année 2005, sept années plus tard, pour que le protocole de Kyoto entre en action. L'engagement des pays les plus riches était alors de réduire les émissions globales de gaz à effet de serre d'ici 2012 de 5 % par rapport à l'année 1990. Principal absent des pays signataires : les États-Unis. Bill Clinton, président en 1997, n'obtient pas de majorité au Sénat pour ratifier le protocole de Kyoto, et son successeur, George W. Bush, proche des milieux pétroliers, refusera de signer le protocole, mettant en cause le manque d'ambition de la Chine. Car l'économie chinoise est alors en passe d'atteindre un niveau d'émission de gaz à effet de serre aussi élevé que les États-Unis : en l'espace de quinze ans, de 1990 à 2005, les émissions de la Chine ont en effet doublé.

Mais avant cela, en 2002, c'est l'heure du bilan de dix années de relance du processus de négociation climatique globale, et celui-ci est bien pauvre. Les négociations patinent, le protocole de Kyoto peine à rassembler suffisamment de signatures pour être mis en œuvre, et les émissions de gaz à effet de serre augmentent désormais à une vitesse vertigineuse portées par le développement économique justement critiqué par les rapports Meadows de 1972 et Brundtland de 1987. Ce qui était prédit et redouté depuis plusieurs décennies se vérifie : les émissions de gaz à effet de serre explosent.

Jacques Chirac lui aussi laisse exploser son indignation à la tribune du sommet. Fraîchement converti à l'écologie et réélu à la présidence, Jacques Chirac traduit la morosité des temps par sa formule désormais célèbre en France : « *notre maison brûle, et nous regardons ailleurs* ». Un constat objectif en même temps qu'autocritique, puisqu'il faudra attendre la dixième année de la présidence Chirac pour qu'une loi de réduction des émissions de gaz à effet de serre voit le jour.

Sur les traces de ses prédécesseurs, Emmanuel Macron intègre cette même année l'ENA à Strasbourg, après avoir été diplômé de l'Institut d'études politiques de Paris (Sciences-Po). La vocation de l'ENA, nous dit le site de l'école, est « *de former les hauts fonctionnaires français ou étrangers et de les préparer aux responsabilités qui les attendent aux niveaux national, européen et international* ». Une formation qui promettait donc de donner au futur président les clefs pour comprendre les grands enjeux du monde et gérer la destinée d'un pays. Difficile d'imaginer qu'en ce début du XXIe siècle, des formations si prestigieuses que Sciences-Po et l'ENA ne transmettent pas à leurs élèves l'inquiétude qui anime le monde scientifique depuis un demi-siècle. Hélas, ce n'est qu'une quinzaine d'années plus tard qu'Emmanuel Macron prendra, de son propre aveu, la mesure du changement climatique.

Emmanuel Macron rejoint ensuite l'inspection des finances, et c'est justement dans ce domaine que les choses bougent, notamment en Europe avec la mise en place du mécanisme de marché du carbone. En 2005, le système communautaire d'échanges de quotas d'émissions de CO_2, ou ETS, est mis en place. Un système permettant de donner un coût de plus en plus élevé aux produits manufacturés par l'industrie qui émettent le plus de gaz à effet de serre. Mais il faudra attendra plus de dix ans, en 2017, pour que le système commence à fonctionner.

Le rapport Stern

Une nouvelle contribution majeure vient éclairer en 2006 l'impact économique du changement climatique. Nicholas Stern rend public dans un rapport les résultats de modélisations économiques montrant que les actions climatiques resteraient abordables à court terme, mais devraient voir leurs coûts fortement croître si l'action venait à tarder. L'ancien vice-président de la banque mondiale est alors conseiller de Gordon Brown, ministre des Finances du Royaume-Uni. Son rapport insiste sur les conséquences désastreuses du réchauffement global sur l'économie des pays riches comme sur le développement des pays les plus pauvres. Outre ces résultats, l'économiste souligne le rôle important des pays, et notamment ceux de l'Union européenne qui, selon lui, « *peuvent jouer un rôle efficace pour déclencher et promouvoir une coopération [entre États] dans un cadre international aussi large. L'action internationale, conclut-il, nécessite autant de leadership que de collaboration* ».

Autre point fondamental selon Stern, la mise en place d'une taxation du carbone. Une proposition forte qui apparaîtra en France quelques années plus tard parmi les mesures de la commission pour « *la libération de la croissance française* » pilotée par Jacques Attali. Cette commission, installée à la demande du président Sarkozy, sera active de 2007 à 2010. Le rapporteur adjoint de la commission n'est autre que le futur président de la République Emmanuel Macron. Le premier rapport rendu en 2008 égrène près de 300 mesures sur presque autant de pages, dont une dizaine concerne les « *opportunités du développement durable* » notamment pour « *stabiliser le climat* ». Le deuxième rapport de la commission Attali publié en 2010 promeut la taxe carbone comme moyen efficace de lutte contre les émissions de gaz à effet de serre. L'opportunité pour Emmanuel Macron d'acquérir une compréhension fine de l'action climatique. Mais une opportunité qu'il ne saisira pas, nous le savons.

De Kyoto à Copenhague

Revenons en 2006. Cette même année, la Chine adopte son premier plan climat pour la période 2007 à 2010. Un plan certes d'ambition modeste, mais qui traduit, selon Yang Ailum, expert de Greenpeace en Chine, « *un changement d'attitude encourageant* » du premier pays émetteur de gaz à effet de serre au monde. Jusqu'à présent, la Chine refusait en effet que les pays en développement s'astreignent à des objectifs chiffrés de baisse de leurs émissions au titre de leur droit au développement. Une position qui crispa longtemps les États-Unis, devenus second émetteur mondial, pour qui une attitude moins fermée de la Chine sur le partage des efforts entre les pays riches et ceux en voie d'industrialisation constituait un préalable non négociable à un accord sur une action climatique concertée. Soucieuse de conserver son rôle de bonne élève du climat, l'Union européenne franchit une nouvelle étape en 2008 en se dotant d'un cadre politique de réduction des gaz à effet de serre pour 2020. L'Union s'engage ainsi à un trio d'objectifs pour 2020. Il s'agissait de réduire de 20 % les émissions de gaz effet de serre en 2020 par rapport au niveau de 1990, de développer un mix énergétique comprenant 20 % d'énergies renouvelables, et enfin, de provoquer une baisse de 20 % de la consommation d'énergie. Certes, l'ambition est modeste mais le dispositif place l'Europe en tête de la lutte climatique mondiale.

Avec la mise en œuvre du protocole de Kyoto en 2005, le premier plan climat chinois en 2007 et le leadership assumé de l'Europe, les années 2000 se terminent dans une dynamique prometteuse, nourrissant de forts espoirs qu'un premier accord global sur le climat soit trouvé lors de la quinzième COP organisée à Copenhague en fin d'année 2009. Hélas, le sommet est un échec cinglant. D'une part, le texte adopté à son issue ne présente pas d'objectifs de réduction de gaz à effet de serre, d'autre part il ne permet pas aux Nations unies de s'assurer de la bonne mise en œuvre des plans d'action des pays. Pour quelle raison ? Principalement l'incapacité des négociateurs de la COP – l'équipe hôte danoise en particulier – à résoudre le conflit opposant depuis près de dix ans la Chine et les États-Unis. Un conflit exacerbé, pourtant révélé durant la période de ratification du protocole de Kyoto entre 1997 et 2005 ou aucun des deux pays n'était parvenu à faire un premier pas en faveur d'une coopération globale. Au cœur du conflit, nous l'avons vu, l'exigence de la Chine et le refus des États-Unis de voir un partage équitable des efforts entre les nations en voie d'industrialisation et les nations industrialisées responsables de la majeure partie des gaz à effet de serre accumulés dans l'atmosphère depuis le début de l'ère préindustrielle. Il s'agissait aussi de dépasser le refus des deux puissances, au nom de leur souveraineté, d'accepter des objectifs globaux de réduction de gaz à effet de serre et de se soumettre à un contrôle régulier des progrès effectués par la communauté internationale.

En 2009, le Danemark avait insuffisamment anticipé la résolution de ces crispations et laissera finalement aux États les plus réfractaires à un accord le loisir d'enfermer les négociations dans une atmosphère conflictuelle. Jamais le Danemark ni l'Union européenne ne parviendront à reprendre la main sur la négociation. Comment imaginer alors qu'un accord global ambitieux puisse être trouvé alors que deux pays représentant près d'un tiers des émissions du monde s'y opposent ? Cet épisode dramatique de Copenhague aura donné raison au constat de Nicholas Stern trois ans plus tôt : « *l'action internationale nécessite autant de leadership que de collaboration*». À Copenhague, faute de leadership, aucune collaboration n'aura été possible. Et vice versa.

Prenons quelques pas de recul. Le contexte plus général dans lequel s'inscrivait cette décennie n'était sans doute pas si propice au renforcement de la coopération globale sur le climat. En effet, quelques mois avant le début du sommet, une série d'échanges entre scientifiques du GIEC est rendue publique et vient jeter le doute sur leur rigueur. Certes, ce «*climate-gate*» fera «pschitt» quelques mois plus tard après une enquête approfondie, mais l'impact restera désastreux sur les négociations entre les États. L'affaire est surtout le révélateur de la puissance bien réelle d'un lobby climatosceptique, piloté par les grands groupes pétroliers. Rappelons-nous aussi que 2009 sera l'année où la récession toucha la plupart des pays industrialisés à la suite de la crise des *Subprimes* de 2006 et 2007. Une crise économique durable qui ne laisse que peu de place à des perspectives d'investissements massifs en faveur d'une économie sobre en carbone. Plutôt que de saisir l'opportunité d'une crise pour provoquer la transformation d'un modèle économique défaillant, les chefs d'États des grandes puissances feront tout pour le préserver.

L'échec du sommet de Copenhague et les espoirs déçus des scientifiques, des organisations non gouvernementales et des pays les plus impactés par le réchauffement global seront le catalyseur d'une démobilisation durable. En France, il ne fallut pas attendre plus de quatre mois pour que Nicolas Sarkozy, alors président de la République, renonce à appliquer son programme environnemental. De son côté, Emmanuel Macron tourne à l'époque lui aussi totalement le dos à l'environnement pour rejoindre la banque d'affaires Rothschild. Il s'y inscrit dans une tradition financière classique qui soutient la croissance de groupes industriels et leur exploitation à l'extrême des ressources naturelles. Il suivra notamment les intérêts des entreprises de l'agroalimentaire, Sofiprotéol (devenue Avril) et Nestlé, deux géants du secteur régulièrement dénoncés par les ONG pour les dommages causés aux forêts, aux eaux et sols, et au climat.

La démobilisation qui suivra l'échec de Copenhague marquera les rendez-vous internationaux suivants qui n'auront ni l'ampleur, ni l'ambition des précédents. Les objectifs du protocole de Kyoto ne seront pas atteints en 2012. La cinquième édition du Sommet de la terre, de retour à Rio, sera selon la société civile un désastre tant les menaces environnementales y ont tenu une place mineure. Signe d'une atmosphère morose, la COP de 2012 à Doha est le témoin d'une scène à la fois émouvante et tragique. Alors qu'il prend la parole à la tribune du sommet, le négociateur philippin, Yeb Sano, s'effondre en larmes. Son pays vient d'être frappé par le typhon Bopha d'une puissance exceptionnelle pour ce pays. Ses paroles résument à elles seules le paradoxe dans lequel le monde est plongé depuis 2009. « *Alors que nous sommes assis ici à la table des négociations, alors qu'on tergiverse et qu'on procrastine, le bilan en morts s'alourdit. Mon pays subit une immense dévastation. J'en appelle au monde entier, j'en appelle aux leaders de ce monde. Qu'ils ouvrent leurs yeux et voient la réalité en face. Notre travail ne doit pas correspondre à ce que les décideurs politiques du monde veulent, mais à ce qui nous est demandé par 7 milliards de personnes* ». Le typhon Bopha fera près de 2000 victimes aux Philippines et plus d'un milliard de dollars de dégâts. L'année suivante, le super typhon Haigan frappera de nouveau le pays, engendrant la mort de 6 000 personnes.

Ainsi, la première décennie du XXIe siècle révèle l'incapacité des puissances mondiales et de leurs dirigeants à entendre les alertes répétées des scientifiques et à prendre conscience que les impacts déjà visibles du réchauffement global sur les vies humaines doivent être leur priorité. L'immaturité des dirigeants politiques sur le dossier climatique est le plus grand facteur des échecs consécutifs dans la résolution du problème climatique. Ils se sont en effet montrés incapables de comprendre que ce qui détruit le climat, rend fragile l'économie mondiale, appauvrit les populations, et enfin nourrit les conflits du monde, a en réalité une seule et même source : leur attachement à un modèle de développement économique qui détruit plus qu'il n'enrichit.

États-Unis et Chine

Pour sortir de cette période de doute et d'échec et relancer une dynamique de négociations, il fallait en tirer les principales leçons. À partir de 2012, le contexte global évolue. Les effets de la crise économique de 2008 commencent à s'estomper pour les puissances économiques, même si de nombreux pays continuent d'en subir les effets durables. L'exécutif américain, piloté par Barack Obama et John Kerry aux affaires étrangères, est notamment plus ouvert aux enjeux globaux du climat. Sans doute la succession d'événements climatiques frappant les États-Unis y est-elle pour quelque chose. En 2012, la tempête Sandy, puis deux vagues de froid extrême en 2014 et 2015, tuent près de 200 personnes et causent près de 90 milliards de dollars de dégâts. Durant la tempête Sandy, la bourse de New York ferme deux journées consécutives. Une première depuis 1888, qui sonne comme un avertissement aux milieux financiers : vous n'échapperez pas aux impacts du changement climatique.

De l'autre côté de l'océan Pacifique, la Chine voit une partie de sa population suffoquer dans les villes. L'air n'y est plus respirable, pollué par les particules émises par les centrales à charbon et le trafic automobile. Une situation qui cause chaque année la mort de près d'un million et demi de Chinois[1]. La Chine est ainsi à son tour frap-

1. « *Air Pollution in China: Mapping of Concentrations and Sources* », 2015, Robert A. Rhode et Richard A. Muller, Université de Berkeley.

pée par les impacts de son développement économique rapide à base de charbon et de pétrole.

Ainsi, poussés par les impacts de ces pollutions sur leur population et leurs économies, la Chine et les États-Unis signent en 2014 un accord reconnaissant une responsabilité commune à réduire les émissions de gaz à effet de serre. De son côté, l'Union européenne se dote la même année d'un objectif de réduction des émissions de gaz à effet de serre de 40 % d'ici 2030. À nouveau, l'ambition est faible, mais elle place l'Union parmi les territoires les mieux-disants.

La France et l'accord de Paris

En Europe, c'est la France et son président François Hollande qui souhaitent désormais donner le rythme. En 2013, le pays propose de devenir l'hôte de la XXIe COP et tient à tirer les leçons de Copenhague. Dans l'optique de réussir les négociations globales, la France est à la manœuvre dès 2013 pour s'assurer d'une cohésion totale des États membres de l'Union européenne autour du cadre commun de politique climatique pour 2030. Afin d'y parvenir, et notamment convaincre les pays de l'Est de l'Union sous l'influence de la très réticente Pologne, la France accepte la réduction de l'ambition de déploiement des énergies renouvelables et des objectifs d'efficacité énergétique. Une régression importante par rapport au cadre défini pour l'échéance 2020. Mais en 2013 pour la France, c'est plus le symbole de l'unité européenne derrière un objectif commun qui compte que son ambition réelle. Une attitude qui marquera l'Accord de Paris en 2015, dont émerge un texte consensuel et très peu contraignant. Mais six ans après l'échec de Copenhague, le manque d'ambition à court et moyen terme de l'Accord de Paris n'efface pas la portée du symbole: l'unanimité des soutiens autour d'une ambition globale apparaît comme la promesse d'une nouvelle dynamique, d'un nouvel espoir.

Fin 2015, François Hollande jubile. Il pense avoir montré aux Français et au monde qu'il est à la hauteur des enjeux environnementaux. N'a-t-il pas rendu possible la conclusion du premier accord global sur le climat? Et ses ministres de l'Environnement, Ségolène Royal, et de l'Économie, Emmanuel Macron, n'ont-ils pas enfin réussi à finaliser la seule loi de transition énergétique du quinquennat? Certes, mais l'autocélébration ne suffira pas à effacer la dureté du réel. Car cette loi, adoptée tardivement, ne sera pas suivie d'effet: les émissions de gaz à effet de serre augmenteront en effet durant trois années consécutives jusqu'à la fin du mandat de François Hollande. Trop tardive, mais aussi trop peu concrète, la loi de transition énergétique affiche des objectifs de long terme qui ne suffisent pas: en matière de lutte contre les dérèglements climatiques, il est nécessaire d'ancrer dans le présent la transformation des outils économiques du pays. Une réalité dont François Hollande et son ministre et successeur Emmanuel Macron n'auront pas tenu compte.

Erreur du débutant pour un François Hollande tout récemment converti à la cause climatique ? On nous le fera peut-être croire, mais la ficelle est un peu grosse quand on a contribué durant une vingtaine d'années à la fabrique des lois à l'Assemblée nationale. En retrait de la vie politique nationale entre 2008 à 2012, François Hollande s'est préparé à devenir président de la République. On l'imagine, le candidat Hollande lit, étudie, rencontre, et se projette. Il planifie, organise. Mais au terme de ces quatre années préparatoires il serait passé, si on l'en croit, à côté du sujet climatique. Là encore, la ficelle est grosse. On sait François Hollande plus intéressé par l'inversion des courbes du chômage que par celle des émissions de gaz à effet de serre ; plus appliqué à redynamiser l'économie française par tous les moyens qu'à corriger ses impacts destructeurs de l'environnement. Ne peut-on deviner là un choix implicite : celui d'écarter – temporairement au moins – la question climatique afin de garantir la compétitivité des entreprises et obtenir un fléchissement tant espéré du chômage ? Ce sera en vain en tout cas.

TROISIÈME PARTIE

L'ILLUSION

Chapitre 6

Stopper le réchauffement climatique

« Laissez-moi vous rappeler que nos évaluations montrent que la stabilisation du climat requiert que les émissions de gaz à effet de serre commencent à baisser dès l'année prochaine. Pourtant, celles-ci continuent de croître, sans montrer aucun signe de prochaine réduction »

Hoesung Lee, le 2 décembre 2019 lors du discours d'ouverture de la COP 25 à Madrid.

Quelques notions clefs

Avant de se lancer dans l'analyse des politiques climatiques de la France, revenons ensemble sur quelques notions et principes clefs de la lutte contre le dérèglement climatique.

Commençons par les gaz à effet de serre. Les scientifiques identifient la vapeur d'eau (H2O), le dioxyde de carbone (CO_2), l'oxyde nitreux (N_2O) aussi appelé protoxyde d'azote, le méthane (CH_4) et l'ozone (O_3) comme les principaux gaz à effet de serre. Ces gaz sont naturellement présents dans l'atmosphère. Leurs concentrations peuvent être modifiées par des phénomènes naturels ainsi que par les activités humaines. Ces gaz sont responsables de ce que l'on appelle communément l'effet de serre. Lorsque les rayonnements du soleil entrent en contact avec la surface de la terre, celle-ci renvoie vers l'atmosphère une partie de l'énergie solaire sous forme de rayons infrarouges absorbés par les gaz à effet de serre. L'énergie est ainsi piégée sous forme de chaleur autour de la surface terrestre permettant de maintenir sur terre une température moyenne d'une quinzaine de degrés Celsius. L'effet de serre est donc un phénomène positif puisqu'il a rendu notre planète hospitalière à la vie, notamment humaine.

Il existe par ailleurs des gaz à effet de serre dont la présence dans l'atmosphère résulte exclusivement de rejets liés aux activités humaines. Il s'agit des hydrocarbures halogènes et autres substances contenant du chlore et du brome ainsi que d'autres gaz tels que les hexafluorures de soufre (SF_6), les hydrofluocarbures (HFC), et les hydrocarbures perfluorés (PFC). Ces gaz entrent tous dans la famille des gaz à effet de serre, notée GES en français.

C'est l'amplification extrême de l'effet de serre par les rejets de gaz à effet de serre liés aux activités humaines, et non l'effet de serre lui-même, qui représente un danger pour l'humanité. C'est ce qu'on appelle le changement ou le dérèglement climatique.

Le CO_2 et le méthane

Chaque année, les activités humaines sont responsables du rejet de dizaines de milliards de tonnes de ces gaz dans l'atmosphère. Parmi eux, le CO_2 représente l'essentiel des émissions Les autres viennent ensuite en moindre quantité, même si leur impact est loin d'être négligeable.

L'impact sur le réchauffement de la surface du globe de chacun de ces gaz ne dépend pas uniquement de la quantité rejetée. Ils ont tous des caractéristiques propres qui déterminent leur contribution.

D'un gaz à l'autre, le pouvoir de réchauffement de l'atmosphère varie. L'oxyde nitreux et le méthane présentent par exemple des pouvoirs de réchauffement bien supérieurs à ceux du CO_2. Autre caractéristique spécifique à chaque gaz, sa durée de vie dans l'atmosphère. Par exemple, une quantité de méthane aura quasiment entièrement disparu une vingtaine d'années après avoir été rejetée dans l'atmosphère. Passé ce délai, cette quantité n'aura donc quasiment plus d'effet sur le réchauffement de la surface de la terre. La même quantité de dioxyde de carbone, émise au même moment, disparaîtra plus lentement et son effet de réchauffement perdurera plus d'une centaine d'années.

Mais alors qui, du méthane ou du dioxyde de carbone, réchauffe le plus l'atmosphère ? Cela dépend de la durée sur laquelle on mesure le réchauffement. Le pouvoir de réchauffement d'une tonne de méthane sur 100 ans est 25 fois plus élevé que celui d'une tonne de CO_2 sur la même période. Sur une période plus courte, par exemple 20 ans, le pouvoir de réchauffement d'une tonne de méthane sera 72 fois plus élevé que celui d'une tonne de CO_2[1].

Dans la réalité, les activités humaines émettent beaucoup plus de dioxyde de carbone que de méthane. Cela explique que les trois quarts de la contribution au réchauffement climatique sur un siècle proviennent des émissions du dioxyde de carbone, contre seulement 15 % pour le méthane, 6 % pour l'acide nitreux et les quelques pourcents restant pour les autres gaz.

Mais l'impact climatique du méthane est inquiétant car il pourrait bien accélérer à court terme le réchauffement global. En effet, le réchauffement actuel est particulièrement sensible dans les régions les plus proches des pôles, où s'accélère la fonte des glaces et du permafrost. Or ces glaces renferment de grandes quantités de méthane. Au fur et à mesure de leur fonte, ces réserves de méthane se libèrent dans l'atmosphère, s'ajoutant aux émissions générées par les activités humaines – principalement la digestion des animaux d'élevage et la décomposition des déchets dans les décharges à ciel ouvert. La capacité de réchauffement très élevée du méthane dès son émission risque d'accélérer la hausse des

---

1. « Réchauffement climatique : importance du méthane », 2008, Benjamin Dessus, Bernard Laponche et Hervé Le Treut, *La Recherche*, n° 417.

températures à très court terme. La fonte des glaces n'en serait que plus rapide, libérant plus massivement les réserves de méthane qu'elles emprisonnaient jusque-là. Une véritable bombe climatique en devenir qui doit pousser l'ensemble des États à tenir compte des effets de court terme du méthane et à renforcer leur action climatique en conséquence.

Afin de simplifier l'inventaire des gaz à effet de serre, une convention a été mise en place pour tenir compte de la contribution de long terme de chacun des gaz au réchauffement de l'atmosphère. Ainsi, les émissions de chacun des gaz à effet de serre sont mesurées en tonnes équivalent CO_2, notées teqCO_2. Dans cette unité, chaque tonne de méthane contribue 25 fois plus au réchauffement global sur le long terme que le CO_2 et correspond donc à 25 teqCO_2. Pour se donner une idée des ordres de grandeur et se familiariser avec cette unité, voici quelques exemples. Une voiture à essence neuve émet aujourd'hui entre 100 et 200 grammes de CO_2 à chaque kilomètre parcouru. L'élevage d'un bœuf pour produire un steak est principalement responsable d'émissions d'oxyde nitreux et de méthane. L'Agence de la transition écologique, l'ADEME, estime qu'un steak de bœuf de 150 g est associé à l'émission de 36 kg équivalent-CO_2 (kgeqCO_2)[1]. Cela représente l'équivalent d'un déplacement en voiture entre Paris et Lille... Les émissions cumulées de

1. Selon la base de données Base Carbone de l'ADEME.

l'ensemble des secteurs économiques d'un pays européen se comptabilisent en millions de tonnes d'équivalent-CO_2 (MteqCO_2). La France en émet par exemple 450 MteqCO_2 aujourd'hui. Enfin, à l'échelle d'un grand pays comme la Chine ou les États-Unis ou encore d'un continent comme l'Europe, on comptera en milliards de tonnes équivalent CO_2, noté GteqCO_2.

Depuis 1970, les émissions anthropiques, c'est-à-dire d'origine humaine, de gaz à effet de serre ont doublé dans le monde pour atteindre désormais plus de 50 GteqCO_2[1]. Nous l'avons vu précédemment, durant cette période, les scientifiques ont réitéré avec toujours plus de certitude les deux mêmes constats. Premièrement, la température moyenne du globe augmente et modifie le système climatique. Ensuite, cette hausse des températures est essentiellement due aux émissions anthropiques, c'est-à-dire d'origine humaine, de gaz à effet de serre. Deux constats qu'il serait temps de prendre en compte.

Stopper le réchauffement ?

Mais alors, ne pourra-t-on donc jamais stopper ce réchauffement ? Si la partie n'est pas gagnée d'avance, elle est jouable et doit être jouée, nous disent les experts du climat. Pour y parvenir,

---

1. « Chiffre clés du climat : France, Europe et Monde », 2019, commissariat général de l'environnement et du développement durable.

une solution existe et elle est unique : réduire la concentration de gaz à effet de serre dans l'atmosphère le plus rapidement possible. En arrêtant d'en rejeter dans l'atmosphère et par ailleurs en retirant au maximum le surplus de gaz déjà rejeté par l'homme durant plus d'un siècle. Deux types d'actions qui sont complexes à l'échelle du globe, mais qu'un exemple simple permet de comprendre.

Imaginons une baignoire dont le robinet d'eau et la bonde d'évacuation seraient tous les deux ouverts. Le robinet représente l'activité humaine et l'eau qui s'en écoule représente les gaz à effet de serre qu'elle génère. La baignoire représente l'atmosphère et la bonde représente l'action des océans, des arbres et de la végétation en général qui absorbent du CO_2 dans l'atmosphère. Si le robinet est très légèrement ouvert, l'eau qui s'en écoule et tombe dans la baignoire est immédiatement évacuée par la bonde. On peut considérer que cela représente la situation de l'ère préindustrielle durant laquelle les émissions de gaz à effet de serre rejetées par l'homme étaient suffisamment faibles pour être absorbées par les écosystèmes. En ouvrant de plus en plus le robinet, de plus en plus d'eau s'écoule dans la baignoire. Si l'on continue d'ouvrir encore plus le robinet, il arrive un moment où la quantité d'eau qui se déverse dans la baignoire dépasse très légèrement la capacité du système d'évacuation. L'eau commence alors à s'accumuler au fond la baignoire. Imaginons que notre robinet puisse s'ouvrir encore plus, il délivrera chaque seconde de plus en plus d'eau dans une baignoire qui commence à saturer. Dans ce cas, l'eau remplie de plus en plus vite la baignoire. Le niveau monte et la baignoire menace de déborder. Si l'on ne ferme pas le robinet, c'est l'inondation. L'eau se répand alors en quantité hors de la baignoire, entraînant un dégât des eaux. Cette situation où l'eau déborde et entraîne un dégât, vous l'aurez compris, c'est la mécanique du dérèglement climatique. Dans le cas de la baignoire et de l'eau tout comme celui de l'atmosphère et des gaz à effet de serre, des moyens peuvent être mis en œuvre pour éviter ou plutôt limiter les dégâts. On peut commencer à retirer de l'eau de la baignoire, à l'aide d'un seau ou d'une éponge, tout comme absorber des GES présents dans l'atmosphère. Mais, tant que le robinet n'est pas fermé, retirer de l'eau de la baignoire reste un effort vain puisque l'eau continuera de s'ajouter dans la baignoire déjà saturée. Priorité doit être donc donnée au robinet, qu'il faut fermer au maximum. Et si l'on ne peut le fermer totalement, que de l'eau s'en écoule encore et que la baignoire peine à se vider, alors l'éponge ou le seau deviennent utiles pour absorber le trop-plein.

Pour en finir avec le réchauffement global, la même logique s'applique. Il faut fermer le robinet à GES avant toute chose, autant que possible, et rapidement. Fermer ce robinet signifie réduire les émissions de gaz à effet de serre de tous les secteurs économiques du monde : dans la production d'énergie, les transports, l'industrie, l'agriculture, dans les bâtiments consacrés au logement comme aux activités commerciales et aux services. Cela signifie aussi limiter les déchets, utiliser moins et mieux les ressources naturelles.

Il faut réduire ces émissions le plus possible, autant que possible, car dans le cas de l'atmosphère, retirer le surplus de gaz à effet de serre ne sera jamais chose facile. Les moyens pour y parvenir sont peu nombreux et leur efficacité limitée. On parle dans le cas de l'atmosphère, d'absorption du CO_2. Les terres, principalement les forêts et les prairies, absorbent du gaz carbonique de l'air. L'océan, lui aussi, en absorbe en quantité équivalente aux terres. Mais le changement climatique altère la capacité des forêts et des océans à absorber de grande quantité de gaz à effet de serre. L'afforestation et la reforestation permettent cependant d'augmenter la capacité d'absorption du CO_2 dans l'air des forêts. La capacité d'absorption des sols peut de son côté être augmentée par des pratiques de l'agriculture écologique en limitant le labour, en utilisant les paillages et du compost organique. Des actions simples en comparaison de l'utilisation de technologies plus complexes qui reposent sur la capture du CO_2 et son stockage sous terre ou sous les océans. Ces technologies, parfois déjà testées mais plus rarement mises en œuvre, présentent encore souvent de nombreuses difficultés, techniques ou éthiques, pour envisager leur utilisation à grande échelle. Si le GIEC propose leur utilisation dans certains de leurs scénarios, c'est en dernier recours et dans des proportions souvent limitées par l'incertitude sur leur faisabilité, leur acceptabilité et enfin la capacité à les déployer rapidement, une fois matures, à grande échelle[1].

Absorber sans rejeter

Pour stabiliser la quantité de gaz à effet de serre présente dans l'atmosphère à un niveau qui permet d'éviter un « *débordement* » – c'est-à-dire un réchauffement au-delà de 1,5 °C –, il faut faire en sorte que les rejets annuels de gaz à effet de serre ne dépassent plus la quantité que les forêts et les océans peuvent absorber en une année. On appelle cela la neutralité carbone. Une neutralité à laquelle les techniques mentionnées plus tôt contribueront dans une moindre mesure. Les scientifiques montrent par ailleurs que pour limiter le réchauffement au plus près de 1,5 °C, il faudra atteindre la neutralité carbone si possible en 2040, et en tous les cas, pas plus tard que 2055[2]. C'est notre seul ticket pour éviter une catastrophe climatique globale.

On le comprend, préserver les forêts et replanter des arbres, protéger les océans et les dépolluer, lutter contre la déforestation et l'artificialisation

1. Strengthening and Implementing the Global Response, 2018, Chap 4 SR15, GIEC.
2. « Global Warming of 1,5 °C », GIEC, 2018.

des prairies est essentiel pour lutter contre les dérèglements climatiques. Mais nous devons nous rappeler que l'impact de leur absorption de CO_2 sera insuffisant si l'on ne réduit pas rapidement les quantités de gaz à effet de serre rejetées chaque année dans l'atmosphère. Nous l'avons dit : l'éponge et le seau ne suffisent pas à limiter le dégât des eaux si le robinet de la baignoire continue de couler. Afin d'atteindre la neutralité carbone, les scientifiques évaluent qu'il est nécessaire de diviser au moins par cinq les émissions de gaz à effet de serre mondiales en une vingtaine d'années. L'ensemble des pays du monde doit pour cela prendre sa part de l'effort. Pour les pays les plus émetteurs comme la Chine, les États-Unis, l'Allemagne, le Royaume-Uni, l'Inde, la Russie, le Japon, le Brésil, la Corée du Sud et la France, il s'agit de réduire très fortement et très rapidement leurs émissions.

Chapitre 7

Le bilan climatique en trompe-l'œil

« La France n'est pas sur une trajectoire d'émission de gaz à effet de serre compatible avec ses engagements internationaux. Les premiers efforts fournis sont réels, mais ils sont nettement insuffisants et n'ont pas produit les résultats attendus. Ils n'engagent pas les transformations socio-économiques profondes nécessaires pour aller vers la neutralité carbone. »

Haut Conseil sur le Climat, rapport annuel 2019, 26 juin 2019.

La France et les autres

Un mois après son installation au palais de l'Élysée, Emmanuel Macron voit une opportunité s'offrir à lui : Donald Trump annonce le retrait des États-Unis de l'Accord de Paris ratifié en septembre 2016 par son prédécesseur Barack Obama. Dans un discours aux relents climatosceptiques, le président américain justifie sa décision par la volonté de préserver l'emploi aux États-Unis, notamment dans le secteur du charbon. Emmanuel Macron organise une communication savamment minutée, détournant le slogan de campagne du président américain, devenant « *Make Our Planet Great Again* », pour se placer aux yeux du monde comme le premier rempart au climatoscepticisme de Donald Trump. La communication de l'Élysée met largement en avant un président français s'exprimant en anglais, à la fois proche de Donald Trump mais ferme avec lui, et insistant ce jour-là sur les mesures de compensation mises en place par Emmanuel Macron : bourses de recherche pour les scientifiques américains et financement des programmes onusiens sur le climat et l'environnement à la place des États-Unis notamment. Des initiatives qui furent saluées par les Nations unies voulant croire à l'émergence d'un nouveau leader de la lutte climatique internationale, mais qui ne produiront pas d'effets remarquables : seule une petite dizaine de chercheurs américains se tourneront vers la France[1]. En cause ? Une bureaucratie pesante et des financements insuffisants[2].

En décembre 2018, en France, des organisations non-gouvernementales françaises rassemblées autour de l'association de juristes *Notre affaire à tous* réunissent plus de 2 millions de signatures pour soutenir le dépôt d'un recours contre l'État français pour « *inaction climatique* ». L'association dépose quelques mois plus

1. « L'astucieuse initiative de *make our planet great again* », 2018, *Le Figaro*.
2. « *Make our planet great again*, la ruée des chercheurs américains n'a pas eu lieu », 2019, *Le Monde*.

tard un recours contre l'État devant le tribunal administratif de Paris. Fin 2019, une autre plainte est déposée cette fois-ci par seize enfants de douze nationalités dans le cadre de la Convention internationale des droits de l'homme adoptée par l'Assemblée générale de l'ONU en 1989, et ratifiée par la France en 1990. Cette plainte vise les pays les plus pollueurs parmi les signataires de la convention : l'Allemagne, le Brésil, l'Argentine, la Turquie et la France. Deux premières initiatives – d'autres ont suivi depuis – qui illustrent un décalage entre l'image d'un président français activiste du climat et la perception inverse des Français et des défenseurs du climat à travers le monde. Une image construite sur un discours offensif du président Macron sur la scène internationale, mais qui ne résiste pas à la faiblesse des actions entreprises pour réduire les émissions de gaz à effet de serre en France. À tel point que deux scénarios totalement différents coexistent en France. Dans l'un, celui du *storytelling* cherchant à verdir l'image d'Emmanuel Macron, le président français serait à la tête d'un pays à la pointe de la lutte contre le changement climatique, avec des émissions de gaz à effet de serre toujours plus basses lui permettant de donner des leçons aux moins vertueux que lui, et d'encourager les pays et les entreprises les plus volontaires. Dans l'autre, celui confronté à la réalité des données chiffrées et de l'inaction politique, tout semble fait pour retarder les mesures structurantes au point que les émissions de gaz à effet de serre générées par l'économie française ne parviennent pas à baisser. Le second rapport du Haut conseil pour le climat publié en juillet 2020 s'accompagne d'une sanction sans appel : « *La réduction des émissions de gaz à effet de serre est insuffisante pour respecter les budgets carbone futurs. Les émissions de la France ont diminué de 0,9 % en 2019, ce qui est similaire aux années précédentes et loin des –3 % attendus dès 2025* »[1].

L'excellence climatique française ?

L'excellence climatique française qui place le pays à l'« *avant-garde* » de la lutte climatique ne serait donc qu'un trompe-l'œil ?

Tout d'abord, remarquons qu'il est vrai que la France émet moins de gaz à effet de serre sur son territoire aujourd'hui qu'au début des années 1990. En 2019, les activités humaines généraient en France autour de 440 millions de tonnes équivalent-CO_2 (MteqCO_2) soit 19 % de moins que trente ans plus tôt. Mais ce niveau reste très élevé. Si l'on rapporte les émissions du pays au nombre d'habitants, chaque Français émet autour de 7 teqCO_2 chaque année, un niveau de gaz à effet de serre qui se situe dans la moyenne des habitants de la planète. Pas de quoi se réjouir, donc, même s'il est vrai que, proportionnellement à sa population, la France émet moins de GES sur

1. Rapport Annuel 2020 « Redresser le cap, relancer la transition », 2020, Haut Conseil pour le climat.

son territoire que les autres grandes économies du monde.

Une « meilleure » performance très relative que les autorités françaises aiment cependant à mettre en avant pour mieux vanter notamment les mérites de son parc nucléaire qui couvre une large partie des besoins en électricité du pays sans pour autant émettre beaucoup de CO_2. Il est vrai qu'il y a peu de charbon au pays de l'atome, mais le parc nucléaire construit principalement avant 1990, montre aujourd'hui sa fragilité. Les réacteurs ont en moyenne trente-cinq ans, certains dépassent quarante années d'exploitation et leur maintenance devient de plus en plus complexe et coûteuse. Une situation qui a conduit ces dernières années l'État, principal actionnaire de l'entreprise EDF, à préférer fermer à l'avenir une partie des réacteurs nucléaires pour les remplacer par des énergies renouvelables, moins chères, rapides à installer et plus faciles à exploiter. Alors que les énergies renouvelables prouvent au monde leur efficacité redoutable à réduire les émissions de gaz à effet de serre, la France semble désormais plus encombrée que fière de ce lourd héritage nucléaire.

Au-delà du secteur électrique, l'évolution des rejets de GES constatée en France depuis 1990 ne doit cependant pas nous amener à tirer des conclusions hâtives quant à un succès des politiques climatiques françaises.

Tout d'abord parce que la France ne figure pas parmi les pays les plus efficaces pour réduire les émissions de gaz à effet de serre. Le rythme des baisses constaté en France demeure aujourd'hui sous la moyenne des pays de l'Union européenne[1], loin derrière les autres puissances économiques du continent. En effet, de 1990 à 2019, le Royaume-Uni et l'Allemagne, deux pays aux richesses équivalentes à celle de la France, sont parvenus à réduire trois à quatre fois plus leurs émissions de gaz à effet de serre[2] que la France. Certes, l'Allemagne et le Royaume-Uni présentaient en 1990 des niveaux d'émissions de gaz à effet de serre très largement supérieurs à celui de la France, mais ils ont démontré leur capacité à supprimer rapidement de larges quantités de gaz à effet de serre. Le Royaume-Uni rejetait dans l'atmosphère 45 % de gaz à effet de serre de plus que la France en 1990, contre un niveau équivalent aujourd'hui. L'Allemagne, plus peuplée mais aussi plus industrialisée, continue d'émettre beaucoup plus que la France, mais l'écart s'est réduit de moitié en 30 ans.

D'autre part, en regardant de plus près les différentes sources d'émissions de gaz à effet de serre depuis 1990, on se rend compte que les baisses d'émissions de gaz à effet de serre sur notre territoire sont plutôt la conséquence de

---

1. « *Chiffres clés du climat en France, Europe et dans le Monde* », 2019, ministère de l'Environnement
2. Selon les inventaires de gaz à effet de serre des trois pays sur le site de l'UNFCCC et les données les plus récentes communiquées par les gouvernements des trois pays.

situations involontaires et subies que de politiques publiques. La France ne semble pas contrôler mais plutôt subir son destin climatique et la baisse enregistrée est trop lente. Résultat : selon le Haut Conseil pour le climat, la France est en retard sur ses objectifs climatiques à court et moyen terme[1].

Pour s'en convaincre, attardons-nous sur le bilan des émissions de GES en France. On peut identifier trois grandes périodes depuis 1990.

Trois grandes périodes

Une première période s'étend de 1990 à la moitié des années 2000, en grande partie sous les mandats de Jacques Chirac. On y voit les émissions domestiques françaises stagner autour de 550 $MteqCO_2$. Le secteur de l'industrie subit une perte de compétitivité face aux concurrents internationaux, ce qui conduit à une perte de productivité et donc une baisse conséquente des émissions de gaz à effet de serre des activités industrielles. En parallèle, les émissions des secteurs des transports explosent, compensant largement la baisse des émissions de GES liée à la désindustrialisation. Pourquoi cette hausse ? Justement pour enrayer la perte d'activité industrielle : l'État français lance de grands projets d'infrastructure routières et soutient la croissance du parc automobile pour

1. « Agir en cohérence avec les ambitions », 2019, Haut Conseil pour le Climat.

maintenir l'activité des constructeurs français : Renault, Peugeot et Citroën. Selon les chiffres de l'INSEE sur la période, ce sont en moyenne 550 000 voitures supplémentaires chaque année qui venaient encombrer les routes de France[1].

La seconde période, de 2006 à 2011, est principalement placée sous le mandat de Nicolas Sarkozy. Pour la première fois, les émissions domestiques de gaz à effet de serre sont en baisse, de 10 % sur la période. On pourrait s'en réjouir, mais une fois de plus ce résultat est trompeur. Car il est en grande partie le fruit d'aléas économiques et climatiques : deux événements notables expliquent les fortes baisses de 2009 à 2011. Tout d'abord, la crise économique qui apparaît dès 2008 à la suite de la crise des *Subprimes* entraîne un ralentissement global de la production manufacturière sur plusieurs années et, en conséquence une baisse de la demande en énergie. Cette crise conduit à une baisse de 4 % des émissions annuelles du pays. Quant à l'année 2011, elle inaugure la désormais très longue série d'années anormalement chaudes. Météo-France la déclara à l'époque année la plus chaude depuis 1900 avec une température moyenne supérieure de 1,5 °C par rapport aux moyennes annuelles. Qui dit année chaude, dit réduction des besoins de chauffage, et donc des baisses conséquentes de consommation d'énergie fossile conduisant

1. « Véhicules en service, données annuelles de 1990 à 2018 », 2019, INSEE.

à une réduction des émissions de gaz à effet de serre. Ainsi, l'année 2011 se solde par un nouveau record, à nouveau indépendant de l'action du gouvernement, avec une baisse de 5 % des émissions annuelles de gaz à effet de serre malgré une reprise progressive des activités industrielles en berne depuis 2009.

Par ailleurs certaines mesures prises par les industriels commencent à porter leurs fruits : les activités de raffinage du pétrole sur le territoire sont réduites sur cette période, certains processus industriels se réorganisent, notamment dans la métallurgie et la chimie, pour réduire les consommations d'énergie fossile dans la production de chaleur et dans les moteurs. Il en résulte des gains de compétitivité pour les industriels ainsi qu'une baisse des émissions de gaz à effet de serre. La compétition internationale féroce dans un contexte de crise et la mise en place en 2005 du système communautaire d'échange de quotas d'émission, l'ETS, ont contribué à motiver les industriels à réduire leurs émissions pour réduire leurs coûts.

La troisième phase s'étend de 2012 à aujourd'hui, sur les mandats de François Hollande et d'Emmanuel Macron. Elle présente des variations très irrégulières des émissions de gaz à effet de serre. Et l'on y voit se conjuguer autant d'effets structurels – des mesures prises par les entreprises, les territoires et l'État –, que d'effets conjoncturels – notamment liés à des aléas climatiques. De 2012 à 2013, les émissions de gaz à effet de serre ne diminuent pas, notamment parce que les lois Grenelle I et II n'ont en grande partie pas été mises en œuvre, mais aussi à cause du manque d'empressement de François Hollande à doter la France d'outils de lutte contre le réchauffement climatique. Sur cette période, ce que continue de perdre l'industrie, le secteur tertiaire le regagne. Par ailleurs, la révélation en 2015 de milliers d'anomalies et de fraudes impliquant les deux industriels Areva, désormais Orano, et EDF conduira à la mise à l'arrêt soudaine et simultanée de dizaines de réacteurs nucléaires entre 2016 et 2017. La France perd alors 10 % de son électricité nucléaire, et se tourne durant l'hiver vers ses centrales à charbon et à gaz. Voilà où le refus de développer les alternatives renouvelables au nucléaire nous mène : à se tourner vers les énergies fossiles ! Une situation subie qui entraînera une hausse des émissions de GES de 12 MteqCO_2 entre 2015 et 2017, soit 2 % des émissions totales du pays[1]. Sur cette période un nouvel aléa climatique majeur touche la France avec une année extrêmement chaude en 2014. Nouvelle année la plus chaude de l'histoire, 2014 présente un hiver particulièrement doux qui réduit les besoins en chauffage, l'une des sources de gaz à effet de serre. Cette année-là la France connaît donc une baisse record des émissions de 6,5 %. En 2018, une nouvelle baisse de 4,5 %

1. « Bilan électrique 2017 », 2017, RTE.

sera enregistrée, elle aussi principalement liée à une année chaude et un hiver doux.

Cette troisième phase de huit années présente une baisse cumulée de près de 9 % des émissions de gaz à effet de serre de la France. Une tendance irrégulière, alternant des années de hausse, de stagnation et de baisse. Mais soyons en conscients, ces baisses sont principalement dues aux aléas climatiques de 2014 et 2018 et plus modestement aux mesures politiques, telles que la mise en œuvre de réglementations plus strictes de consommation d'énergie dans les bâtiments neufs ou encore favorisant les appareils électroménagers les plus économes. Faute d'ambition des programmes de rénovation énergétique des logements anciens ou de mesures spécifiques aux transports ou à l'agriculture, la baisse des émissions aura été très limitée.

Depuis trente ans, chaque mandat présidentiel semble ainsi devoir s'achever sur le même constat : premièrement, l'action politique est insuffisante pour baisser les émissions de gaz à effet de serre. Deuxièmement, l'essentiel de la baisse est subi : elle provient de la désindustrialisation et du réchauffement des températures ces dix dernières années.

Ce constat traduit une réalité inquiétante : l'économie française n'a toujours pas débuté sa mue climatique. Elle n'a pas transformé ses activités industrielles pour les mettre au service de son obligation climatique, mais elle les a en grande partie perdues. Ce qu'elle a su garder, automobile, aéronautique, chimie, BTP, pétrochimie, agroalimentaire est appelé à subir de lourdes transformations si les entreprises de ces secteurs veulent trouver une place dans un monde sans émissions de gaz à effet de serre.

Trois grands secteurs émetteurs de GES

Jusqu'à présent, très peu a été fait pour réduire les émissions des secteurs les plus émetteurs. En France, près de 70 % des émissions de gaz à effet de serre se concentrent sur trois secteurs économiques : les transports, l'agriculture et l'industrie. En 2018, les transports généraient 30 % des émissions. L'agriculture et l'industrie venaient ensuite avec un peu moins de 20 % chacun. Les émissions liées à l'énergie consommée par les logements représentaient près de 12 %. La production d'électricité et la transformation des hydrocarbures couvraient 10 % des émissions. Enfin le secteur tertiaire – commerces et bureaux – représentait 8 % et la gestion des déchets environ 3 %.

Sur l'ensemble de ces secteurs, on observe trois grandes tendances. Des fortes baisses d'émission de CO_2, d'abord. L'industrie, nous en avons parlé plus tôt, a vu ses émissions de gaz à effet de serre fortement baisser depuis 1990 sous l'effet de la désindustrialisation, puis depuis une quinzaine d'années avec les mesures prises par les industriels pour réduire la quantité d'énergie fossile utilisée dans la production de chaleur et dans les moteurs. La baisse est la plus importante de l'ensemble des secteurs d'activité en France, puisque l'industrie est passée de 145 MteqCO_2 en 1990, à moins de 80 aujourd'hui. Soit une baisse de 45 %. Autre baisse sensible, celle du secteur de la production d'énergie, qui a vu ses émissions passer de 77 MteqCO_2 par an en 1990 à moins de deux tiers de ce chiffre aujourd'hui. Cette baisse est essentiellement due à la diminution des activités de raffinage de pétrole, et à l'arrêt progressif des unités restantes de production d'électricité à partir du charbon, remplacées grâce à l'essor des énergies renouvelables et à la maîtrise de l'énergie.

Viennent ensuite les (trop) faibles baisses. Le secteur résidentiel tout comme celui des déchets ont d'abord vu leurs émissions de gaz à effet de serre augmenter d'environ 20 % de 1990 au milieu des années 2000, avant de plonger de près de 30 % jusqu'à aujourd'hui. Si le bilan du secteur résidentiel est essentiellement dû aux mesures de maîtrise de l'énergie et aux températures élevées de la dernière décennie, celui de la gestion des déchets est plus contrasté. En effet, une large partie des déchets triés en France était encore en partie exportée vers l'Asie cette dernière décennie et les produits consommés en France demeurent encore largement à usage unique ou de très courte durée, sans perspective réelle de réparation, de réutilisation ou de recyclage.

Trois secteurs enfin, stagnent ou augmentent : le tertiaire, l'agriculture et les transports. Ils représentent à eux seuls 57 % des émissions de gaz à effet de serre.

Les émissions du tertiaire ont augmenté de près d'un quart depuis le début des années 1990 sans ensuite parvenir à baisser depuis 2005. Une hausse liée à la multiplication des surfaces de commerces et de bureaux et à leur climatisation.

Le secteur de l'agriculture, ensuite, représente près de 19 % des émissions domestiques françaises. Il n'a vu ses émissions baisser que de 8 % depuis 1990. Une baisse qui s'est essentiellement concentrée sur les consommations d'énergie fossile utilisée pour chauffer les bâtiments et alimenter les engins agricoles, un poste très marginal des émissions du secteur agricole. Les émissions au cœur de l'activité, celles de l'élevage et des cultures, ont en réalité stagné depuis le début du siècle. À elle seule, la viande bovine représente plus de la moitié des émissions du secteur agricole : la digestion des bovins est source de méthane et leur alimentation est produite à grand renfort d'engrais qui rejettent du protoxyde d'azote. Et nous l'avons vu, méthane et protoxyde d'azote sont de très puissants gaz à effet de serre.

Enfin, le secteur des transports est aujourd'hui le seul secteur économique à se trouver à des niveaux d'émissions plus élevés qu'en 1990. Premier secteur émetteur de gaz à effet de serre en France, il représente à lui seul l'équivalent des émissions de tous les secteurs économiques réunis de la Belgique ! Si les émissions du secteur baissent depuis la moitié des années 2000, cela n'a pas permis de compenser la hausse massive du début du siècle. Malgré des équipements ferroviaires nombreux en France, la promotion de la voiture et de l'aviation par les gouvernements successifs a eu raison du bilan carbone du secteur. En France, on se déplace principalement en voiture, un point c'est tout !

On le constate, au moins la moitié des émissions de gaz à effet de serre en France proviennent des secteurs des transports et de l'agriculture, où les émissions n'ont pas encore commencé à sensiblement baisser. Il faudra bien plus que le développement des véhicules électriques ou la lente conversion des exploitations vers l'agriculture biologique pour arriver à accélérer le rythme dans ces deux secteurs. Nous y reviendrons.

Chapitre 8

L'illusion plutôt que l'action

> *« Je n'imaginais pas une fonte aussi rapide, c'est impressionnant. On se rend compte comment les non-décisions ont fait en arriver là. »*
>
> Emmanuel Macron, le 13 février 2020 lors d'un déplacement auprès de la Mer de Glace à Chamonix.

Une fois retracées les grandes étapes de la science climatique, des critiques du modèle de développement et enfin des négociations climatiques à l'échelle du globe, on est frappé par l'ampleur de leur décalage temporel avec la prise de conscience très récente des quatre derniers présidents français. Au point qu'il est très difficile de croire à la sincérité de ces « épiphanies » climatiques qui ressemblent plutôt à une stratégie de communication politique visant à contourner les difficultés d'un sujet qui s'est imposé à eux. La ferveur des discours de Jacques Chirac, la surprise de la conversion de Nicolas Sarkozy, la sincérité de l'aveu de François Hollande auront longtemps donné l'illusion d'un nouvel élan donné à l'activisme climatique. Une manière de gagner du temps, quand on ne souhaite pas – ou qu'on ne sait pas – agir. Quant à Emmanuel Macron, sa confession de 2019 à la suite des mouvements de la jeunesse, étonne de la part d'un président qui dès les premières semaines de son quinquennat voulait apparaître intransigeant sur le climat face à Donald Trump. Il nous étonnera à nouveau en réitérant sa confession début 2020 à Chamonix. S'il n'avait pas jusque-là pris la mesure de l'ampleur des impacts du dérèglement climatique, il aura en tout cas réussi un beau jeu d'acteur sur la scène internationale.

Il est temps de replacer ces évènements dans le cadre plus global des stratégies politiques que les quatre derniers présidents français et leurs gouvernements auront mis en œuvre ces vingt dernières années en réponse aux dérèglements climatiques. Coupons court au suspens, il y aura eu plus de symbolique que d'action. Beaucoup plus. Le climat et plus généralement l'environnement auront fait l'objet, de Jacques Chirac à Emmanuel Macron, de stratégies narratives visant à inscrire dans la durée un récit alternant mise en scène des prises de conscience, volontarisme, emphase des quelques rares avancées et succès, et enfin minimisation des difficultés et des reculs. Mais voilà, en matière de politique climatique il est difficile d'échapper au verdict du bilan. Aussi les présidents mettront beaucoup d'ardeur à construire l'image de chef d'orchestre de l'action climatique en France et à l'international, au point de devenir de véritables maîtres de l'illusion.

Nicolas Hulot

Commençons par le plus incontournable ingrédient de ces récits : le soutien du leader écologiste Nicolas Hulot avec lequel chacun des présidents aura souhaité s'afficher. Populaire promoteur de l'écologie auprès des responsables politiques, patient défenseur de l'intégration d'un droit de l'environnement dans le droit français, Nicolas Hulot a systématiquement servi de caution écolo aux quatre derniers chefs d'État français. L'homme jouit d'une bonne image auprès de l'opinion publique. Il apparaît calme, sincère – il l'est sans aucun doute d'ailleurs – et il n'affiche pas dans son discours la même radicalité que les autres leaders de l'écologie politique. Son soutien a de quoi adoucir l'image des chefs d'État tout en leur garantissant un discours environnemental cohérent. On doit ainsi à Nicolas Hulot la mue progressive de Jacques Chirac qui l'amena entre 2000 et 2002 à verdir son discours politique en intégrant le constat des excès du développement et de ses impacts destructeurs de l'environnement. Une série de discours qui annonçait l'intégration future – elle sera réalisée quatre ans plus tard – d'une charte de l'environnement dans la constitution française, cheval de bataille de la fondation Nicolas Hulot depuis sa création.

Fin 2006, c'est auprès de Nicolas Hulot que Nicolas Sarkozy lui aussi se montre pour valider son surprenant engagement pour l'environnement. C'est le pacte écologique proposé par

Nicolas Hulot à l'ensemble des candidats à la présidentielle et signé, entre autres, par Sarkozy qui inspirera le Grenelle de l'environnement et débouchera sur les deux lois environnementales de 2009 et 2010. Appelé par le président Sarkozy à prendre la tête d'un grand ministère de l'Environnement et de l'Énergie, Hulot décline, ne s'estimant pas prêt. C'est finalement Jean-Louis Borloo qui récupère le poste. Mais Hulot restera très impliqué dans le processus du Grenelle de l'environnement.

Dès 2012, François Hollande parvient à associer Nicolas Hulot à son action présidentielle en le nommant Envoyé spécial de l'Élysée pour la planète. Un poste qu'il quittera en 2016, à l'aube de nouvelles élections présidentielles, non sans avoir refusé l'offre de François Hollande qui souhaitait en faire son ministre de l'Environnement en remplacement de Ségolène Royal.

Emmanuel Macron réussit cependant, un an plus tard, là où ses prédécesseurs ont échoué. Nicolas Hulot accepte dès 2017 le poste de ministre d'État, numéro deux du gouvernement, en charge de la Transition écologique et solidaire. Avec Hulot à ses côtés, Emmanuel Macron s'élève alors au rang de défenseur de la planète. Mais la lune de miel ne durera qu'un temps. Hulot constatera rapidement son incapacité à neutraliser l'influence des lobbys au sein du gouvernement et démissionnera, sans pour autant accabler Emmanuel Macron. Il est comme ça Nicolas Hulot : ni rancunier, ni sévère. Une qualité que les chefs d'État successifs ont su exploiter à leur avantage. Trop souvent aux dépens de l'environnement.

Ministres d'État

En 2007, Nicolas Sarkozy étrennait un ingrédient nouveau et tout autant symbolique qui allait nourrir l'image volontariste du président. L'idée lui est venue en réponse au pacte écologique de Nicolas Hulot qui demandait la mise en place d'un vice-premier ministre en charge du développement durable. Ne souhaitant pas s'encombrer, Nicolas Sarkozy préféra donner un rang protocolaire à son ministre de l'Environnement. Jean-Louis Borloo, qui succède à l'éphémère Alain Juppé, devient ainsi ministre d'État et numéro deux du gouvernement Fillon. François Hollande octroyait lui aussi en 2014 le statut de numéro trois du gouvernement à Ségolène Royal, souhaitant maintenir l'image d'un gouvernement « écolo-friendly » après la sortie des ministres Cécile Duflot et Pascal Canfin du gouvernement – tous deux membres à l'époque d'Europe Écologie Les Verts. Plus tard, Emmanuel Macron nomma Nicolas Hulot ministre d'État et numéro trois du gouvernement. Son successeur François de Rugy deviendra ministre d'État et numéro deux du gouvernement.

Soyons clair, ces titres et rangs sont purement honorifiques et protocolaires. Ils n'octroient aucune responsabilité ni pouvoir spécifique à ces ministres, mais il leur assure seulement une visibilité accrue. Nicolas Hulot en témoignera un an après son départ du gouvernement, lors de l'une des rencontres de la Convention citoyenne pour le climat où il confessera que, pour lui, le statut de ministre d'État « *à part la symbolique, ça ne sert à rien* ». Selon Hulot, « *il aurait fallu un vice-Premier ministre, qui ait autorité sur les autres politiques* » du gouvernement[1]. Car c'est de cela dont a besoin un ministre de l'Environnement aujourd'hui pour avancer sur le climat et la protection de la biodiversité : de l'autorité sur les autres ministres. Or Hulot au gouvernement n'en avait pas. Il témoigne avoir passé son « *temps à être en confrontation avec le ministre de l'Agriculture* » ou à voir le ministre de l'Économie et des Finances, Bruno Le Maire, « *saper* » la moindre de ses propositions. Sans doute trop honnête pour le poste et trop naïf dans son approche de la politique, Hulot n'aura pas réussi à imposer de rupture dans la lutte contre les dérèglements climatiques ni dans la protection de l'environnement.

Si l'étendard Hulot n'aura jamais fait long feu, le haut rang protocolaire des ministres de l'Environnement non plus. En 2010, la volte-face de Nicolas Sarkozy, avec son « *l'environnement ça commence à bien faire* »[2] sonnera comme un

1. « Climat : Nicolas Hulot tacle Emmanuel Macron et le gouvernement », 16 novembre 2019, Europe 1.
2. « Nicolas Sarkozy au salon de l'Agriculture », 7 mars 2010, INA.

véritable renoncement aux engagements pris auprès de Nicolas Hulot trois ans plus tôt lors de la signature du pacte écologique. Renoncement qui s'est accompagné du retrait du statut de ministre d'État à Nathalie Kosciusko-Morizet lorsqu'elle remplaça Jean-Louis Borloo à la tête du ministère de l'Environnement. En 2019, alors que François de Rugy, successeur de Nicolas Hulot, est démissionné après des révélations tonitruantes de Médiapart mettant en cause une gestion confuse de ses activités privées et professionnelles, il est remplacé par Élisabeth Borne. L'ancienne directrice de cabinet de Ségolène Royal au même poste cinq ans plus tôt, se verra retirer, comme Nathalie Kosciusko-Morizet avant elle, le statut de numéro deux du gouvernement et de ministre d'État. Cette dernière rétrogradation présente une symbolique particulière, puisqu'elle intervient au moment même où les lois structurantes de la lutte climatique du quinquennat Macron entrent à l'Assemblée nationale : la loi énergie et climat et la loi d'orientation des mobilités, dite loi LOM, toutes deux destinées à réduire les émissions de gaz à effet de serre en France. Faut-il voir derrière cette rétrogradation un signal ? Une sorte de « *l'environnement ça suffit* » remasterisé ? Dans le but sans doute de calmer le mécontentement qui monte dans l'opinion publique depuis 2018 et qui nourrira les protestations vives du mouvement des gilets jaunes. Là encore, on voit poindre le remake de 2010 où Sarkozy faisait volte-face sur l'environnement pour calmer la grogne qui montait dans certains territoires ruraux. Une rétrogradation qui s'accompagnera, en 2019 comme en 2010, d'une forte baisse de l'ambition initialement affichée des lois climatiques et des moyens qui leur seront alloués.

Le débat public au cœur du récit climatique

La recette du récit climatique des présidents serait incomplète sans son principal ingrédient : le débat public. Un débat pour construire – nombreux le souhaitent au sein de la société civile – une vision commune des enjeux de protection de l'environnement dont les objectifs et les moyens seraient identifiés de tous et qui permettrait de bâtir un nouveau contrat de société autour des transitions vers un nouveau modèle de société plus écologique et plus juste.

Mais la vertu du débat entre les décideurs et les citoyens ne se résume pas à sa simple existence. Il doit se construire sur une participation large et sur une définition claire et équilibrée des rôles que tiendront les participants et les décideurs dans la co-construction des solutions. En somme, il doit s'installer une relation de confiance entre les décideurs et les participants à la fois sur le processus et sur la finalité du débat. Tout engagement doit être tenu de part et d'autre. C'est par ces principes que les débats pourront contribuer à une plus grande compréhension du public et ainsi garantir son adhésion la plus large aux solutions proposées.

Des expériences décevantes

Hélas, les débats publics récents sur l'environnement n'ont été qu'une série d'expériences décevantes. Au point que l'on se doit de questionner l'intention réelle des présidents. Souhaitent-ils que les débats nourrissent l'élaboration des lois et favorisent l'adhésion du public ? Ou ne sont-ils pour eux que de nouveaux artifices servant à dissimuler la faiblesse de leur action climatique ?

Le Débat national sur les énergies lancé par Jacques Chirac en 2003 se soldera par une participation très faible du public – quelques milliers de personnes – et ne contribuera pas à augmenter l'ambition du gouvernement qui publiera deux ans plus tard une loi bien terne.

Conformément à son engagement auprès de Nicolas Hulot et son pacte écologique, Nicolas Sarkozy initie le Grenelle de l'environnement en 2007. On pourra regretter que le Grenelle ne parvienne pas à plus associer les citoyens et se résumera en grande partie à une discussion organisée entre une cinquantaine d'associations, de syndicats, d'entreprises, d'élus locaux et de représentants de l'État. On regrettera plus encore que les nombreuses avancées constatées durant ce débat, et traduites en partie dans une première loi en 2009, ne se retrouvent finalement sacrifiées. La volte-face de Nicolas Sarkozy le conduira à saper l'ambition de son projet environnemental en lui refusant les moyens de sa mise en œuvre et en renonçant à certaines mesures phares, notamment la taxe carbone. Un camouflet pour Nicolas Hulot – l'instigateur du Grenelle – qui claquera en 2010 la porte de ce débat public.

Un quinquennat plus tard, en 2012, François Hollande lance le Débat National sur la transition énergétique qui usera trois ministres en moins de 12 mois, générera l'agacement des associations face à la désinvolture du gouvernement, et se soldera par une menace de véto de la part du MEDEF qui ne souhaite pas voir émerger de mesures trop contraignantes pour les entreprises. Sous sa pression, le gouvernement plie et la synthèse du débat ne formulera qu'une vague liste d'enjeux liés à l'énergie. Un bien maigre résultat pour un débat qui aura duré sept mois.

Le débat, ultime recours du président Macron.

Sans doute échaudé par les expériences décevantes de ses trois prédécesseurs, Emmanuel Macron aura quant à lui préférer faire le pari que le soutien de ses électeurs de l'élection présidentielle de 2017 lui suffirait à définir seul le cap de la transition énergétique. En intégrant Nicolas Hulot au sein de son gouvernement, sans doute se pensait-il à l'abri des critiques de la société civile !

Mais alors que la première loi sur le climat devait arriver sur la table de l'Assemblée nationale au printemps 2019, tout se grippe. La contestation sociale révélée notamment par le mouvement des Gilets jaunes est telle que le président organise à la va-vite un Grand Débat national pour, dit-on à l'époque, « *transformer la colère en solutions* ». Le débat se concentre alors sur quatre thématiques, dont la transition écologique qui mobilise à elle seule près de 400 000 personnes en quelques semaines. Une participation qui traduit à la fois le besoin des Français d'être consultés et associés aux décisions concernant l'écologie mais aussi leurs inquiétudes face aux dérèglements climatiques, à la perte de diversité biologique et à leurs impacts dans le quotidien. Une mobilisation inédite par son ampleur et sa richesse mais qui ne trouvera pas d'échos dans l'action du gouvernement qui déposera, en avril 2019, son projet de loi sur l'énergie et le climat à l'Assemblée nationale, alors même que les synthèses du débat ne seront disponibles qu'en juin de la même année.

Le débat au cœur des stratégies électorales

Mais Emmanuel Macron a une autre idée en tête : une nouvelle loi sur le climat, en partie issue des citoyens, et votée en fin de quinquennat telle un programme pour un second mandat. C'est ainsi que dès la fin du Grand Débat national, il annonce la constitution d'une Convention citoyenne sur le climat composée de 150 citoyens tirés au sort parmi les Français. Le principe est simple : les « 150 » auront accès à une information traduisant la complexité des enjeux et la diversité des analyses. Ils débattront jusqu'à formuler des propositions pour réduire les émissions de gaz à effet de serre d'au moins 40 % d'ici 2030. On est donc sur le temps court de l'action climatique. Enfin.

Dans un échange avec les « 150 », en janvier 2020, Emmanuel Macron clarifie le contrat. Il s'agit de formuler des « *options fortes, même radicales* » qu'il soumettra « *sans filtre* » – il s'y engage – au vote du parlement, à l'administration de l'État pour une application réglementaire directe, ou enfin à référendum. Une loi, annonce-t-il, sera ainsi présentée à l'été 2020.

Poussez par l'enthousiasme de leur expérience et la promesse de contribuer à une évolution majeure de l'action climatique, la Convention citoyenne pour le climat dépose en juin 2020, pas moins de 149 propositions, concrètes, détaillées et justifiées. Du très bon boulot pour ceux qui, dans leur grande majorité, n'étaient pas spécialistes des enjeux liés aux politiques climatiques.

Mais Patatras ! À peine Emmanuel Macron recevait-il les propositions des mains de la Convention que déjà il prenait des libertés avec son engagement en imposant son veto sur trois mesures phares. Exit la taxation sur les dividendes des grandes entreprises ; exit la réécriture du préambule de la constitution pour y inscrire la préservation de l'environnement ; exit enfin la limitation à 110 kilomètres-heure de la vitesse maximale sur autoroute.

Certes l'acceptabilité de cette dernière mesure représente une difficulté, mais elle est loin d'être insurmontable. Puisque c'est par le débat entre 150 citoyens que cette proposition émerge et qu'elle leur est apparue comme nécessaire pour réduire les émissions de gaz à effet de serre dans les prochaines années – et c'est absolument vrai –, alors il doit être possible de progressivement la rendre acceptable aux yeux d'une majorité des Français. En refusant cette proposition, Emmanuel Macron aura validé, de fait, les résistances d'une partie des Français. Il se sera surtout coupé d'un formidable outil pour améliorer l'acceptabilité des mesures climatiques : les 150 ambassadeurs du climat que sont devenus les citoyens de la Convention. On sent venir alors un beau gâchis.

Le détricotage des mesures

La suite est inquiétante. Dès la fin de l'été, d'autres mesures sont retoquées lors de la présentation du projet de loi de finance pour l'année 2021 : pas d'augmentation de la taxe sur les billets d'avion ; pas de suppression des exonérations fiscales pour les énergies fossiles utilisées dans l'industrie ou pour les poids lourds ; pas de taxation des engrais azotés ; pas de moratoire sur la 5G pour en évaluer l'ensemble des impacts liés à son déploiement.

Une autre mesure phare est refusée par ailleurs par le ministre de l'Économie : l'intégration d'un critère lié au poids des véhicules dans le dispositif de bonus-malus visant à favoriser la vente des voitures individuelles les moins polluantes. Un critère pourtant essentiel pour favoriser les véhicules les plus légers, par conséquent les moins gourmands en carburant et les moins émetteurs de CO_2. Un dispositif jugé contre-productif pour l'industrie par le ministère de l'Économie, puisque c'est justement ceux que vendent le plus… les constructeurs français.

Enfin, l'injonction faites aux Français après deux mois de confinement par le ministre de l'Économie Bruno Le Maire, les pressant de consommer en masse pour relancer l'économie, sonne comme un refus supplémentaire des conclusions de la Convention qui appelle à promouvoir une consommation plus saine, plus réfléchie, mois compulsive, pour s'assurer d'en réduire l'impact environnemental.

On l'aura compris, derrière son engagement à tenir compte des propositions de la Convention citoyenne pour le climat, se cache chez Emmanuel Macron un socle immuable : on ne fait rien qui pourrait nuire temporairement à la compétitivité des entreprises françaises, et encore moins à ses deux fleurons, l'aéronautique et l'automobile. C'est pourtant bien le secteur des transports qui est de loin le plus grand émetteur de gaz à effet de serre en France.

S'il est encore trop tôt pour faire le bilan complet de la Convention et de ce qu'il adviendra des 149 propositions formulées par ses 150 participants, on peut d'ores et déjà s'inquiéter de ces premiers refus. On l'a compris, certaines mesures phares de la Convention, ne seront pas traduites dans les lois de finance de la fin du quinquennat

Macron. La loi climat, promise par Emmanuel Macron pour l'été 2020, ne sera finalement présentée qu'en fin d'année au conseil des ministres et votée par le parlement au plus tôt durant l'été 2021. Elle ne sera probablement que faiblement mise en œuvre d'ici la fin du mandat d'Emmanuel Macron.

Le dévoiement du débat

La force de la Convention citoyenne pour le climat est d'avoir démontré que lorsqu'il est donné la possibilité aux citoyens de se pencher sur les enjeux climatiques et les mesures à mettre en œuvre, ils ne reculent pas devant une certaine radicalité dans leurs propositions. Une expérience pédagogique sur laquelle Emmanuel Macron aurait pu s'appuyer pour accélérer la mise en place d'un plan climatique ambitieux dès la rentrée 2020. Une opportunité que le président n'aura pas su – voulu ? – saisir.

À la suite des premiers reculs du président, le réalisateur et militant écologiste Cyril Dion, qui avait œuvré en 2019 à convaincre le président Macron d'installer la Convention citoyenne, s'avouera « *parfois fasciné par la propension des responsables politiques à faire des promesses [...] et à retourner leur veste d'un revers de la main* ». Du côté de certains membres de la Convention, la critique est sévère : « *On nous occupe pendant que tout est en train d'être décidé sans nous et que l'on enterre nos mesures* » confiait l'une d'entre elles aux journalistes du *Monde*, le 1er octobre 2020.

On peut être déçu que les engagements pris par le président Macron auprès des « 150 » ne soient pas tenus, mais il est difficile pour autant d'en être surpris. Car l'histoire se répète inlassablement. L'introduction de débats publics en amont des processus législatifs sur le climat ces vingt dernières années répond certes à l'aspiration des citoyens à participer à la définition des politiques climatiques. Mais les présidents de la République successifs n'y auront vu qu'une opportunité pour temporiser, et n'auront eu de cesse de trahir l'esprit de ces consultations.

Pendant que les associations, les syndicats, les entreprises ou les citoyens débattaient, les présidents s'octroyaient un répit durant lequel ils pouvaient apparaître promoteur de l'action climatique sans pour autant devoir agir. Ils ont ainsi gagné du temps, repoussant l'incontournable moment ou devrait s'opérer un choix entre leur doctrine économique et les exigences climatiques. Ils ont ainsi continué de mettre en œuvre des politiques économiques aux impacts résolument négatifs pour le climat.

Pire ! Ils ont utilisé les débats pour identifier les désaccords au sein de la société civile, non pour y apporter une solution, mais pour justifier leur inaction. Ainsi, ils ont renvoyé dos à dos, ceux qui souffrent de l'injustice des taxes et ceux qui promeuvent la taxe carbone ; ceux qui veulent limiter l'utilisation des voitures polluantes et l'essor de l'aviation, et les centaines de milliers de salariés des secteurs de l'automobile et de l'aéronautique ; ceux qui promeuvent une agriculture écologique, aux milliers d'agriculteurs en souffrance. Alors même que leur rôle devait être de définir le cadre d'une transition protégeant les plus vulnérables.

Les présidents y ont certes gagné, temporairement, une licence pour ne pas agir, mais ils ont pris le risque de ne plus pouvoir ensuite réconcilier les Français autour d'un consensus écologique. Un devoir qui pourtant leur incombe pour protéger les Français des dérèglements climatiques et stopper la destruction de la diversité biologique.

L'étendard Hulot, les ministres d'État sans pouvoir, les débats citoyens sans conséquences, si les présidents français et leurs gouvernements ont eu recours à de tels artifices, c'est avant tout pour se donner – faute de savoir l'acquérir – une stature de défenseur de l'environnement et du climat. Quitte à provoquer une dissonance entre le son et l'image, entre le discours et l'action : aux discours souvent enthousiastes des présidents et aux mises en scène de leur volontarisme, succèdent des lois rares, tardives et dont l'ambition souvent modeste pâtis de moyens insuffisants.

La pénible élaboration des lois climat

S'il y a bien eu des lois pour lutter contre le dérèglement climatique ou protéger l'environnement, force est de constater qu'elles ont toujours été rares.

En effet, sur le millier de lois votées à l'Assemblée nationale depuis le début du XXIe siècle, une petite trentaine[1] seulement concerne directement la protection de la biodiversité, la planification de l'énergie, la gestion des déchets, le développement des systèmes de transport ou encore l'agriculture. Bien sûr, certaines autres lois ou décisions ont été importantes, même si elles ne s'inscrivent pas dans un cadre ou une orientation politique de moyen ou long terme. On peut citer par exemple l'intégration de la charte de l'environnement dans la Constitution en 2005, puis le moratoire sur la culture des OGM en 2008, et enfin l'interdiction de la fracturation hydraulique en 2010, qui aura permis d'empêcher l'exploitation des gaz de schiste. Ces décisions ont marqué leur époque, sans pour autant s'accompagner de programmes plus larges de réduction des pollutions en France.

Plus récemment, des décisions de l'État français ont surtout fait l'objet de mises en scène grotesques. La loi de décembre 2017 qui interdit de délivrer de nouveaux permis d'exploitation d'hydrocarbures en France aura été l'une d'entre elles. Non seulement cette mesure n'impactera pas la consommation de pétrole en France où 99 % du pétrole consommé est importé[2]. Mais surtout,

1. L'ensemble des lois votées sur les quatre dernières législatures est consultable sur le site internet Légifrance : https://www.legifrance.gouv.fr/dossiers_legislatifs.jsp.
2. « Chiffres clés de l'énergie 2019 », 2019, CGDD (Conseil général du développement durable).

cette loi n'empêche en rien de poursuivre l'exploitation des forages existant[1]. En janvier 2020, une petite centaine de projets d'extraction d'hydrocarbures pouvait encore obtenir le renouvellement de leur concession, certains au-delà de 2040[2]. En somme Il s'agit d'une loi qui n'a aucun impact à court ou moyen terme sur les émissions de gaz à effet de serre ou sur les activités des groupes pétroliers en France. Mais cette loi aura eu le mérite pour Emmanuel Macron d'illustrer l'efficacité de son association avec Nicolas Hulot et sa volonté d'agir. Agir, vite, pour convaincre quitte à ce que cela ne serve à rien.

Autre exemple, en 2018, l'État français invoquait l'Accord de Paris pour justifier l'abandon du projet de construction d'un aéroport à Notre-Dame des Landes. Une communication là encore dévoyée, car cette décision faisait en réalité suite à près de 50 années d'une lutte locale qui empêchait tout simplement de poursuivre le projet. Et cela malgré un soutien inconditionnel de l'État qui sera longtemps resté sourd aux dénonciations des conséquences environnementales et climatiques du projet. Une utilisation très opportuniste donc de l'Accord de Paris qui une fois de plus veut mettre en scène un gouvernement au chevet du climat. Mais renoncer à un mauvais

1. « La loi Hulot ne sert pas à grand-chose », décembre 2018, France Télévision.
2. «Situation des titres miniers H au 1er janvier 2020 », 2020, ministère de la Transition écologique.

projet, englué dans une contestation depuis un demi-siècle, équivaut-il à une politique cohérente sur le climat ? Sans doute pas, puisque par ailleurs de nombreux autres chantiers aux impacts climatiques tout aussi avérés restaient encore en 2019 d'actualité : l'extension des aéroports de Roissy, Marseille ou Nantes ou encore les contournements routiers de Rouen, Strasbourg et Arles.

En ce qui concerne spécifiquement le climat, la fabrique des lois présente une réalité particulièrement perturbante : en vingt ans, seules six lois d'orientation ou de programmation spécifiques à la réduction des émissions de gaz à effet de serre ont été votées. Six lois, sur plus d'un millier sur la période. Ces lois couvrent principalement les activités de production et de consommation d'énergie dans les bâtiments, l'industrie, les déchets et les transports. Elles fixent pour l'ensemble de ces secteurs des objectifs de moyen et de long termes de réduction des gaz à effet de serre, mais aussi de production d'énergie d'origine renouvelable ou encore des baisses de consommation du pétrole, du gaz, du charbon et du nucléaire. Les lois Grenelle cependant portent sur un spectre plus large que l'énergie, puisque certaines sections concernent la préservation de la biodiversité et la lutte contre les pollutions.

Certes, ces lois couvrent de nombreux domaines, ce qui peut expliquer en partie leur nombre restreint, mais cette approche transversale se traduit par une élaboration particulièrement longue et fastidieuse. Une approche qui s'est imposée aux présidents pour leur offrir, une fois élus, le temps d'élaborer une vision, d'obtenir un soutien des parties prenantes y compris des majorités présidentielles elles-mêmes, et enfin, il faut bien se l'avouer, de retarder le plus possible le moment où l'exigence climatique rentrerait en conflit avec leur programme économique pour le pays.

La vision des transitions environnementales, pourtant, Nicolas Sarkozy tout comme François Hollande et Emmanuel Macron auraient dû la construire avant d'arriver au pouvoir. Ils auraient alors pu s'assurer de l'adhésion d'une majorité d'acteurs et ainsi construire un programme économique adapté aux exigences environnementales et climatiques. Ce travail en amont des élections présidentielles, ils l'ont fait pour de nombreux autres domaines, des politiques publiques pour lesquelles des lois ont été votées dès les premiers mois de leurs quinquennats respectifs.

La toute première loi climatique votée en 2005, la loi de programmation fixant les orientations de la politique énergétique, dite loi POPE, est intervenue après trois années du second mandat de Jacques Chirac. C'est 10 ans après son accession au pouvoir. Suivent ensuite les lois Grenelle I et II, ratifiées l'une et l'autre deux et trois ans après l'élection de Nicolas Sarkozy. Sous François Hollande, la loi pour la transition énergétique et la croissance verte, dite LTECV, n'est ratifiée qu'en septembre 2015, plus de trois années après le début du mandat et quelques mois seulement avant la COP21 à Paris. Enfin, les lois énergie-climat et la loi d'orientation des mobilités, dite LOM, sont votées fin 2019, soit après deux années et demie de présidence d'Emmanuel Macron.

Toutes ces lois ont été votées très tardivement, en milieu de mandat, laissant la priorité à chaque fois à une centaine d'autres lois. Car les présidents n'ont jamais véritablement chômé durant la première année de leur quinquennat, mais ils ont systématiquement fait passer d'autres dossiers, prioritaires à leurs yeux, avant le climat. Jacques Chirac aura fait voter des lois de programmation et d'orientation sur la sécurité intérieure, la justice et la défense. Nicolas Sarkozy, des lois sur le travail, l'immigration et le pouvoir d'achat. François Hollande, sur le harcèlement sexuel, la création d'emplois, la banque publique d'investissement et le contrat de génération. Et enfin, Emmanuel Macron aura statué la première année de son quinquennat sur l'état d'urgence, la moralité de la vie publique, la sécurité intérieure et la programmation des finances publiques jusqu'en 2022. Tous ces sujets figuraient parmi les priorités énoncées avant et pendant les campagnes présidentielles, tout comme la question climatique. Mais le choix des quatre présidents aura été de repousser la gestion de cette dernière à plus tard.

Des rendez-vous manqués

Et pourtant, que de rendez-vous manqués depuis le début des années 2000. Les lois d'orientation agricole de 2006, 2014, 2018 par exemple, ne mentionnent qu'à peine le climat sauf pour constater les effets du changement climatique sur les productions agricoles sans pour autant apporter de solutions pour accompagner les agriculteurs. Ces lois abordent par ailleurs de manière très marginale la réduction des émissions de protoxyde d'azote, l'un des principaux gaz effet de serre provenant des engrais chimiques, par la conversion de petites surfaces agricoles à l'agriculture biologique. Enfin, jamais la question de l'élevage et de son impact sur le climat n'a été abordée dans ces lois. C'est pourtant l'élevage qui représente à lui seul la moitié des émissions de gaz à effet de serre du secteur agricole[1]. Soit quasiment autant que les gaz à effet de serre émis dans l'ensemble des logements français. De la même manière, les lois de 2006, 2009 et 2013 sur les transports ne modifient que très légèrement le cadre défini il y a près de quarante ans par la loi LOTI. Cette loi de 1982 attribuait à la route la primauté des investissements de la politique de mobilité en France, conduisant à faire du secteur des transports le plus gros émetteur de GES de l'économie française. Résultat de

1. Selon l'inventaire 2018 du CITEPA, Centre interprofessionnel technique d'études et de la pollution atmosphérique.

ces six rendez-vous manqués ? Ni le secteur des transports, ni celui de l'agriculture – les deux secteurs économiques les plus émetteurs de GES en France – n'ont vu leurs émissions baisser en vingt ans. Enfin, quelques mois après le début d'un quinquennat vient généralement le premier projet de loi de finances pour la première année complète de mandat. Une loi qui permettrait de réorienter immédiatement la fiscalité pour favoriser les activités et produits les plus sobres en carbone. Là encore, le choix sera systématiquement fait d'attendre. Pourtant, l'Institut pour l'économie du climat, I4CE, identifie qu'en 2019, il y avait encore 16 milliards d'euros de niches fiscales défavorables au climat. Des niches qui, selon I4CE, « *impliquent que 25 % des émissions françaises sont peu ou pas taxées* »[1].

Autre rendez-vous manqué, en 2004, un rapport d'information du Sénat sur la canicule de 2003 piloté par trois membres de la majorité UMP-UDF[2], établissait un constat lucide : « *notre pays sera confronté comme les autres au réchauffement de la planète dû à l'effet de serre et [que] ce phénomène risque de contribuer à l'augmentation de la fréquence des événements climatiques extrêmes* ». Des impacts « *de nature à fragiliser notre modèle énergétique et économique* »,

1. « Panorama des financements 2019 », I4CE, 2020.
2. « La France et les Français face à la canicule : les leçons d'une crise », 3 février 2004, par les sénateurs Valérie Létard, Hilaire Flandre, Serge Lepeltier.

ajoutaient les auteurs du rapport. Ils soulignaient aussi le « *consensus scientifique* » sur le réchauffement global, son accélération, et son origine essentiellement humaine. Sans véritablement conclure sur des propositions concrètes satisfaisantes, les rédacteurs du rapport posaient là une analyse sérieuse des risques futurs liés au réchauffement global et rappelaient le caractère indissociable des politiques économiques, énergétiques, sociales et environnementales. Hélas, ce rapport ne servira manifestement à rien puisque la loi de réduction des émissions de gaz à effet de serre votée un an plus tard, la loi POPE, sera autant décevante par son manque d'ambition que par l'insuffisance des moyens affectés.

À la lueur de ces exemples, on comprend qu'au sommet de l'État on aura consacré beaucoup de temps et d'énergie à la mise en scène de l'action climatique plutôt qu'à veiller à son efficacité.

En regardant de plus près le contenu et les effets des six lois climatiques, il s'avère que les objectifs ont rarement été atteints alors même qu'ils sont souvent peu ambitieux. Dans son évaluation des lois Grenelle en 2012, la Cour des comptes constatait qu'une partie des 268 engagements pris par Nicolas Sarkozy et son gouvernement n'avait toujours pas été mise en œuvre. Les experts de la Cour soulignaient par ailleurs que 20 % du budget prévu par l'État n'avaient pas été mis à disposition, faute en particulier au renoncement sur la taxe carbone. Résultat de nombreux échecs. Le fret ferroviaire qui devait voir son trafic augmenter de 25 %, a finalement baissé. La surface agricole dédiée à l'agriculture biologique a certes augmenté, mais moitié moins que prévu. Les efforts trop peu importants dans la rénovation thermique des logements n'ont pas permis d'atteindre l'objectif fixé. Le niveau des émissions par kilomètre de véhicules neufs a quant à lui augmenté au lieu de baisser. Quelques années plus tard, la loi LTECV de 2015 présentait un bilan tout aussi navrant. Le budget investi par François Hollande et son gouvernement depuis 2016 est resté inférieur à celui nécessaire pour financer les 167 engagements de la loi. Sur les 500 000 véhicules électriques prévus pour 2018 deux fois moins circulent aujourd'hui sur nos routes. Le développement des énergies renouvelables a, quant à lui, pris un retard conséquent malgré une communication massive du gouvernement sur sa volonté d'accélérer. La décision prise par François Hollande de fermer des réacteurs nucléaires d'ici 2025, et les dernières centrales à charbon d'ici 2023, ne sera finalement pas mise en œuvre, bloquant le développement des moyens de production d'énergie renouvelable pourtant prévus pour les remplacer. Enfin, 500 000 logements par an devaient connaître une rénovation thermique de qualité, un niveau jamais atteint faute des financements nécessaires. De 2013 à 2016, Il aura manqué près de 10 milliards d'euros chaque année pour financer la transition énergétique selon *l'Institute for Climate Economics*, I4CE[1]. Pour la

1. « Panorama des financements 2016 », I4CE, 2016.

période de planification climatique qui couvre le mandat d'Emmanuel Macron, de 2019 à 2023, I4CE évalue un besoin supplémentaire d'investissement favorable au climat en France de près de 50 % chaque année, soit entre 15 et 18 milliards d'euros[1].

Quant aux lois votées à l'automne 2019 par le gouvernement d'Emmanuel Macron, il est trop tôt pour évaluer leur efficacité. D'une part, car une fois de plus la mise en œuvre des mesures votées prendra du temps, mais aussi parce que depuis, le contexte a changé. La crise économique causée par l'épidémie de la COVID-19 est venue chambouler l'agenda politique de la seconde moitié du quinquennat d'Emmanuel Macron. Une crise qui conduira le gouvernement à annoncer un plan de relance visant à favoriser l'investissement privé et à soutenir les entreprises les plus touchées. Bien que 30 % des investissements de ce plan soient annoncés comme compatibles avec la transition écologique, il est malheureusement probable que cet effort ne vienne que compenser le ralentissement de l'économie plutôt que s'ajouter à l'effort préexistant. Par ailleurs, les milliards d'euros octroyés par l'État pour soutenir, sans contrepartie environnementale, les secteurs de l'automobile et de l'aviation, risquent de conduire au maintien de l'impact climatique de ces secteurs.

1. « Panorama des financements 2019 », I4CE, 2020.

Les lois climatiques de 2019

Alors que penser des lois de 2019 ? Leur contenu a été vivement critiqué, notamment parce qu'il manquait, une fois de plus, les moyens pour accélérer la rénovation énergétique des bâtiments résidentiels et tertiaires, mais aussi car elles repoussaient les perspectives de réduction de la consommation d'énergie en France et de transition vers un système électrique comportant moins de charbon et de nucléaire et plus de renouvelables. Au-delà de ces critiques, trois mesures phares de ces deux lois semblent déjà remises en cause. En premier, l'obligation de rénovation des passoires thermiques en location – ces quelque 4 millions de logements très mal isolés – qui devait provoquer une accélération de la rénovation énergétique en France, a finalement été repoussée d'une dizaine d'années. Une décision au détriment du climat, mais aussi de la lutte contre la pauvreté énergétique dont souffrent plusieurs millions de foyers. Ensuite, les quelque 14 milliards d'euros prévus sur cinq ans pour entretenir le réseau ferroviaire n'étaient pas, fin 2019, entièrement financés. Le Sénat a dénoncé cette situation, estimant peu crédibles les stratégies de financement proposées par le gouvernement et craignant un manque de plusieurs centaines de millions d'euros chaque année pour financer ce secteur essentiel à la transition vers des moyens de transport alternatifs à la voiture à essence et diesel. Pourtant, il est urgent d'augmenter les investissements ferroviaires. Selon le Conseil général du développement durable, CGDD, près de la moitié des investissements dans les transports concernaient les infrastructures routières en 2018, contre seulement 19 % pour le ferroviaire[1]. Par ailleurs, les secteurs les plus polluants des transports – l'aviation, le transport routier et fluvial de marchandises et les raffineries – bénéficiaient encore en 2019 de près de 7 milliards d'euros de rabais fiscaux. La suppression de ces avantages serait non seulement positive pour le climat mais permettrait aussi de financer en grande partie les investissements nécessaires à la transformation des systèmes de transports. Enfin, à peine la loi Énergie et Climat était-elle votée que l'objectif de fermer les cinq dernières centrales à charbon d'ici 2022 était remis en cause par le gouvernement qui décidait de repousser l'échéance à 2026. Si les objectifs de court terme sont déjà obsolètes à peine les lois votées, comment croire que la France a des chances de voir ses émissions régresser dans les prochaines années ?

Sans surprise, atteindre des objectifs de réduction de gaz à effet de serre ne peut se faire qu'avec la mise en cohérence de l'ensemble des actions de l'État le plus tôt possible dans le quinquennat : des lois rapidement votées, des investissements publics suffisants, une fiscalité favorisant les baisses d'émissions de gaz à effet de serre et des

1. « Les comptes des transports en 2018 », CGDD, 2019

contraintes réglementaires appliquées le plus tôt possible pour accélérer le rythme des transformations. Certes, le retard dans l'élaboration des lois peut être imputé à une forme d'impréparation des présidents et de leur majorité à définir des politiques énergétiques et climatiques. Mais principalement, cette impréparation reflète le manque de volonté des quatre présidents à s'emparer réellement du sujet. Car rien ne les empêchait de mettre en place des mesures rectificatives dès le début du mandat : voter les budgets manquants, supprimer des niches fiscales qui profitent aux pollueurs, augmenter la taxe carbone, allouer des fonds à la rénovation énergétique des logements sont autant de mesures qu'ils pouvaient prendre dans les premiers mois qui suivaient leur élection à la présidence.

Cela aurait permis d'obtenir des résultats assez rapides dans les quinquennats et de construire un récit politique sur le succès avéré de l'action climatique et ses bénéfices plutôt que de créer un écran de fumée sur la base d'un discours volontariste et trompeur. Une stratégie malheureuse puisque, rappelons-le, elle aura pour conséquence un retard important de la France dans la réduction des gaz à effet de serre sur son territoire.

Quatrième partie

LA DÉMISSION

Chapitre 9

La scandaleuse empreinte carbone de la France

« Le volontarisme n'empêche pas la lucidité. Je connais les risques de délocalisation des productions. Je sais la concurrence déloyale qu'un certain nombre de pays ne respectant pas les normes environnementales infligent à notre industrie. Je sais aussi que beaucoup de pays, quoi qu'ils en disent, ne prennent pas les engagements sur les émissions de CO_2. Et en même temps il ne peut pas être question de choisir entre la compétitivité de nos entreprises et la lutte contre le réchauffement. »

François Hollande, le 14 septembre 2012 lors du discours d'inauguration de la première conférence environnementale au Conseil économique, social et environnemental.

L'importance des importations

Nous l'avons vu plus tôt, la désindustrialisation progressive de la France depuis la fin du XXe siècle explique une large part des réductions des émissions de gaz à effet de serre sur le territoire français. L'industrie, forte consommatrice d'énergie fossile – charbon, gaz et pétrole – a ainsi réduit de près de moitié ses émissions de GES en France en trente ans.

Contrecoup du ralentissement de la production industrielle, le pays importe plus qu'il n'exporte. Textiles, équipements électroniques, matériaux de construction, moteurs et machines, pièces pour l'automobile ou l'aéronautique, téléphones, tablettes et ordinateurs, électroménager, produits agricoles destinés à l'alimentation animale, sans oublier la quasi-intégralité du gaz, du charbon, du pétrole et de l'uranium que nous consommons, sont autant d'exemples de produits manufacturés et alimentaires que la France importe désormais massivement. Des produits importés qui sont soit consommés par les Français, soit utilisés par les industries françaises dans leur chaîne de fabrication. C'est le cas de l'aéronautique ou de l'automobile qui importent de nombreux composants de l'étranger. Au bout du compte, la facture est salée : entre 60 et 80 milliards d'euros chaque année. Et le coût de ces importations est aussi social et environnemental. Ces biens sont produits dans certains cas au prix de conditions de travail précaires et parfois dangereuses pour les travailleurs, mais aussi de pollutions locales liées à l'extraction de ressources naturelles et aux processus industriels.

Par ailleurs, pour être fabriqués à l'étranger et importés ensuite en France, ces produits sont à l'origine d'émissions de gaz à effet de serre importantes. Pour la France, les importations de produits génèrent hors du territoire une quantité de

GES équivalente à 60 % de ce qui est déjà émis sur son territoire[1]. Rien que ça !

Ainsi, pour évaluer l'impact complet de l'économie française sur le climat, il nous faut considérer non seulement les émissions de GES sur le territoire, on parle d'émissions domestiques, mais aussi de celles « importées » par le biais des produits manufacturés à l'étranger et consommés en France. Ce bilan complet des émissions, qu'on appelle empreinte carbone lié à la consommation, est aujourd'hui le révélateur d'une situation paradoxale, et très inquiétante : après plusieurs années de hausse depuis le début des années 1990, l'empreinte carbone du pays reste stable depuis 2005, autour de 750 MteqCO_2. Bien que les émissions domestiques de GES en France aient baissé en 30 ans, les émissions « importées » ont quant à elles doublé sur la même période, compensant intégralement les baisses constatées sur notre territoire. Ainsi, le processus de désindustrialisation a certes conduit à une baisse des émissions de gaz à effet de serre en France, mais aussi à une hausse des importations et de leur contenu carbone. Au bout du compte, l'impact de l'économie française sur le climat n'a jamais baissé depuis 30 ans.

Une situation inquiétante puisque cela signifie que les efforts de la France pour réduire ses émissions de gaz à effet de serre depuis 30 ans n'auront pas eu d'impact sur les émissions de gaz à effet

1. « Agir en cohérence avec les ambitions », rapport annuel 2019, Haut Conseil pour le climat.

de serre à l'échelle du Globe. Ce que la France a réduit sur son territoire a été émis ailleurs. À la délocalisation de la production industrielle, s'est ainsi associée une délocalisation des émissions de gaz à effet de serre liées à l'économie française.

La stagnation de l'empreinte carbone française

La problématique de la stagnation de l'empreinte carbone française est connue et évaluée depuis une dizaine d'années par des experts, des associations et des services de l'administration française. Dès 2009, le cabinet Carbone 4 mettait en place ECO2Climat, le premier indice d'empreinte carbone de la consommation des Français. L'année suivante, les services de statistiques du gouvernement publiaient leurs premières évaluations de l'empreinte carbone de la France. Enfin, en 2013 une première publication a été corédigée par le Réseau Action Climat, l'ADEME et le CITEPA sur le constat des flux d'émissions liés à la consommation. Depuis, l'INSEE, le Commissariat général pour le développement durable, le Haut Conseil pour le climat et le CITEPA publient régulièrement sur le sujet.

Le 25 octobre 2019, le ministre de l'Économie et des Finances Bruno Le Maire déclarait ainsi : « *Le modèle qui consisterait à réduire nos émissions de carbone à l'intérieur des frontières de l'Union et dans le même temps à délocaliser des productions carbonées qui reviendraient ensuite sous forme d'importation en Europe, c'est un modèle stupide, injuste et inefficace*»[1]. Il est toujours plus facile de parler de l'Union européenne que de la France quand on est ministre français de l'Économie, mais on a compris le principe: ce que fait la France depuis trente ans est, selon lui, «*stupide, injuste et inefficace*». Pas faux.

Jusqu'à cette déclaration, les émissions de GES des vols internationaux, du transport maritime international, ainsi que des importations de produits alimentaires et manufacturés n'étaient pas prises en compte dans les politiques publiques de lutte contre le dérèglement climatique. La prise de conscience de Bruno Le Maire est malheureusement tardive pour celui qui, en mai de la même année, faisait voter à l'Assemblée et au Sénat la loi pour la croissance et la transformation des entreprises, dite loi PACTE, sans qu'aucune des mesures votées ne permette de corriger le tir en intégrant des dispositions visant à réduire l'impact climatique de notre industrie et de nos échanges commerciaux. Encore une occasion ratée.

Les accords internationaux

Et depuis? Pas de grand changement. La France, au sein de l'Union a continué de négocier

1. Déclaration de M. Bruno Le Maire, ministre de l'Économie et des Finances, sur la lutte contre le réchauffement climatique, le 25 octobre 2019

des accords commerciaux internationaux sans condition stricte de respect des engagements climatiques. Emmanuel Macron a eu beau annoncer à la tribune de l'ONU en 2018 que la France ne signerait «*plus d'accords commerciaux avec les puissances qui ne respectent pas l'accord de Paris*» sur le climat, cela n'aura pas empêché la France de signer l'accord de libre-échange entre l'Union européenne avec le Japon (JEFTA) et le Canada (le CETA) en fin d'année 2018 et 2019. Or, l'accord avec le Canada a mis en lumière l'absence de garde-fous suffisants pour bloquer les importations qui seraient responsables de déforestation, de pollutions des sols et de l'eau dans l'agriculture ou encore d'émissions massives de gaz à effet de serre. Rappelons qu'en 2018, le Canada était le neuvième pays le plus émetteur de gaz à effet de serre au monde. Par ailleurs, en échange d'accords sur les taxes appliquées à la vente de notre fromage au Japon, cinquième pays le plus émetteur de gaz à effet de serre au monde, la France devra composer avec l'entrée facilitée de véhicules et pièces du secteur automobile japonais. Des échanges qui risquent de ralentir les transformations des secteurs de l'agriculture et des transports en France. En résumé, les importations françaises ne sont pas près de voir leur empreinte carbone baisser.

Autre rendez-vous manqué: la loi relative à la lutte contre le gaspillage et à l'économie circulaire, promulguée en février 2020. L'économie circulaire est un ensemble de principes de production et de consommation qui visent à favoriser la réparation, la modernisation, la réutilisation ou le recyclage des produits manufacturés plutôt que de consommer systématiquement des produits neufs manufacturés à partir de l'extraction et de l'utilisation de ressources naturelles. Si les objectifs de la loi sont bons sur la réduction progressive de l'utilisation de certains plastiques, aucun moyen ne figure dans le texte pour y parvenir. Quant aux transformations des activités de production et leur relocalisation sur le territoire : rien de concret dans la loi !

Les industriels en question

Et du côté des « fleurons » industriels ? Pas d'améliorations non plus en vue. Avant la crise économique liée à l'épidémie de la COVID-19, leur ambition était de poursuivre la croissance de leurs activités sans prendre en compte, ou si peu, l'exigence climatique. L'aéronautique et son géant Airbus tablaient en effet sur un doublement du trafic aérien en 20 ans pour augmenter les ventes[1], or, selon le chercheur Aurélien Bigot, « *Pour ce secteur [...] aucune option technologique n'est disponible à suffisamment court terme et à l'échelle nécessaire* »[2] pour remplacer

1. « *Global Market Forecast 2019-2038* », septembre 2019, Airbus Group.
2. « Impact du transport aérien sur le climat », 2019, Aurélien Bigo.

le kérosène et réduire suffisamment les émissions de gaz à effet de serre de l'avion. Du côté des trois constructeurs automobiles français, on comptait vendre toujours plus de véhicules, dans les marchés émergents mais aussi en France et en Europe, pour remplacer les véhicules diesel et essence les plus anciens. Pourtant, la qualité de leurs produits ne correspond toujours pas aux enjeux climatiques : les constructeurs français ont battu en 2019 les records de ventes de SUV, ces véhicules lourds et fortement émetteurs de gaz à effet de serre. Et la vente de véhicules électriques certes accélère mais reste marginale dans un marché pourtant très dynamique. Quant au géant pétrolier Total, son P.-D.G. Patrick Pouyanné expliquait en janvier 2020 qu'il « *ne verrait pas de (son) vivant un système énergétique à base que de renouvelables* »[1], annonçant par ailleurs que la transition énergétique serait lente avant la fin de l'exploitation du pétrole et du gaz. En 2019, le groupe pétrolier bénéficiait toujours d'un avantage fiscal pour importer des produits dérivés d'huile de palme, source bien identifiée de déforestation : un signe que la lutte climatique n'est pas le premier souci de Total... ni du gouvernement français.

Cette empreinte carbone élevée de la France et qui se refuse à baisser est une véritable épine dans le pied pour les chefs d'État. Cela traduit

1. « Climat : le P.-D.G. de total juge le débat trop manichéen », 2020, *Ouest-France*.

leur échec à réduire la contribution du pays au réchauffement global. Cela fragilise encore plus l'image qu'ils souhaitent se donner de bon élève de la lutte contre le changement climatique, et enfin cela vient fragiliser ce qu'ils ont de plus cher : leur doctrine industrielle, leur doctrine économique.

« Il ne peut pas être question de choisir entre la compétitivité de nos entreprises et la lutte contre le réchauffement » disait François Hollande lors de la première conférence environnementale en 2012. Transformer l'industrie pour favoriser l'efficacité de l'action climatique signifierait prendre le risque, inacceptable pour lui, d'affaiblir son programme économique. Un risque qu'il refusera de prendre et qui se traduira par une ambition modeste dans la loi de transition énergétique et l'absence totale de plan de réduction de l'empreinte climatique de la consommation du pays. Cinq ans plus tard, les émissions de gaz à effet de serre français n'auront donc pas baissé. Un échec total sur le plan climatique, sans pour autant avoir connu un succès économique flagrant. Un comble.

Cet épisode lié au mandat Hollande illustre bien le malaise des présidents de la République vis-à-vis de la question climatique. Elle les oblige à choisir entre un programme économique sur lequel ils comptent pour enrichir le pays et une crise climatique à laquelle ils espèrent encore, en tant que président, pouvoir échapper. Faire le choix du climat les conduirait à prendre le risque

– et donc l'assumer – de devoir renoncer à la rentabilité de certaines activités. Car pour réduire son empreinte climatique, la France n'aura pas d'autre choix que de revoir l'organisation de son économie pour favoriser la consommation de produits et de biens manufacturés localement, dans des conditions très sobres en énergie et en ressources. C'est-à-dire à la fois investir dans des technologies qui polluent peu – ce qu'elle fait déjà dans une certaine mesure – mais aussi favoriser des produits, des méthodes de fabrication et des principes marchands et de consommation qui sont compatibles avec les objectifs climatiques, ce qu'elle ne fait pas, tant s'en faut.

Chapitre 10

L'autre, ennemi désigné du climat

> « *Quand je vois que les Allemands viennent de rouvrir toutes leurs centrales à charbon, qui envoient leurs particules jusqu'à Paris.* »
>
> Nicolas Sarkozy, le 17 novembre 2016 durant le premier débat de la primaire de la droite.

Si les gouvernements français ont rarement reconnu leurs contre-performances sur le climat, ils ont toujours été prompts à pointer du doigt celles des autres puissances mondiales à coté desquelles la France serait, selon eux, une véritable « *success story* »[1]. En tête, bien entendu, les États-Unis de Donald Trump dont les émissions de gaz à effet de serre restent outrageusement élevées. Certes, la critique des États-Unis est légitime, mais la mise en scène en France d'un bras de fer

1. Citons les trois déclarations suivantes : « Déclaration de Nicolas Sarkozy sur la lutte contre le réchauffement climatique », 18 avril 2008 ; « Hollande part en guerre sur le climat », 19 novembre 2014, *Le Monde* ; « Il n'y a pas de plan B, parce qu'il n'y a pas de planète B », 1er juin 2017, Emmanuel Macron.

climatique entre Donald Trump et Emmanuel Macron sert plus à valoriser l'image du président français qu'à encourager son homologue américain à mieux faire.

Au-delà des États-Unis, deux autres pays sont particulièrement critiqués en France pour leur manque de vertu climatique : l'Allemagne, premier émetteur européen de gaz à effet de serre et la Chine, premier émetteur mondial. Tous deux servent régulièrement de contre-feux aux dirigeants français lorsque l'on critique l'action climatique du pays.

Soyons clairs, ces deux pays ne sont pas vertueux en matière de politique climatique, tant s'en faut. L'Allemagne, septième pays le plus émetteur de gaz à effet de serre au monde, ne parvient pas à baisser assez rapidement les émissions générées par son économie. Quant à la Chine, elle voit ses émissions de gaz à effet de serre exploser. Deux situations notamment liées à unc utilisation du charbon importante dans ces deux pays. Mais en regardant de plus près, la situation de la France est-elle pour autant meilleure ?

La Chine

Commençons par la Chine. Depuis le début du XXe, elle a accéléré son développement économique entraînant une forte augmentation de sa consommation énergétique. Derrière le quasi triplement de l'énergie utilisée en Chine, se cache essentiellement un recours aux énergies fossiles, dont le charbon, utilisé notamment pour produire de l'électricité et qui est responsable de la majeure partie de la hausse des émissions de gaz à effet de serre du pays. Ces émissions ont elles aussi triplé depuis 2000, pour atteindre près de 13 000 MteqCO$_2$ aujourd'hui. Ce qui représente près d'un quart des émissions de gaz à effet de serre du monde. Ces hausses qui ne semblent pas devoir suffisamment ralentir à court terme posent problème : la Chine accroît son économie au détriment de l'environnement, de la préservation de la diversité biologique et du climat, comme l'ont fait avant elle les autres puissances économiques mondiales. Ce qui pourrait apparaître équitable en manière de droit au développement est une véritable menace pour le climat. Une menace dont la Chine n'est cependant pas la seule responsable puisque sa production manufacturière compose plus de 90 % de ses exportations selon l'OMC[1]. Il s'agit par exemple d'équipements liés aux technologies de l'information, des circuits imprimés, des machines automatiques industrielles, des pièces automobiles… qui sont produits pour les autres puissances mondiales telles que les États-Unis, en tête, les pays de l'Union européenne, ou encore le Japon.

En comparaison des émissions domestiques, celles de la France ne représentent que 3,5 % de celles de la Chine. La différence de taille et de

1. « Profil commercial de la Chine », 2017, Organisation mondiale du commerce.

population entre la France et la Chine est telle qu'il est difficile de comparer leur impact sur le climat sans comparer le niveau d'émissions moyen annuel de gaz à effet de serre d'un Chinois par rapport à celui d'un Français. Si l'on ramène les émissions de gaz à effet de serre domestiques, celles produites en France, au nombre d'habitants, chaque personne vivant en Chine émet en moyenne près de 10 teqCO_2 par an. Un niveau bien plus élevé que celui d'un Français qui émet en moyenne un peu moins de 7 teqCO_2 par an.

Mais, nous l'avons vu, l'impact des Français sur le climat ne dépend pas uniquement de ce qui est produit en France. L'empreinte carbone de l'hexagone, qui traduit ce que les habitants émettent réellement en consommant, est en réalité plus élevée car elle intègre les émissions de gaz à effet de serre associées aux produits importés en France. Ainsi, selon le Haut Conseil pour le climat, un Français aura été responsable de l'émission de 11,2 teqCO_2, pour vivre au quotidien en 2018 et 2019. A contrario, en Chine, c'est une production en partie dédiée à l'export qui fait tourner les usines. Ainsi, selon l'analyse du site anglais de référence Carbon Brief, l'équivalent de 13 % des émissions de dioxyde de carbone émises sur le territoire en 2014 correspondait à des produits exportés[1]. L'empreinte carbone moyenne d'un Chinois s'en voit diminuée. Une évaluation

1. « Mapped: The world's largest CO_2 importers and exporters », 2017, Carbon Brief.

effectuée sur la base des données fournies par le projet Carbon Brief en 2014 conduit à une empreinte carbone qui serait comprise entre 8 et 9,5 teqCO_2 par habitant. Un Chinois émet donc environ un quart de moins qu'un Français pour satisfaire sa consommation. Cela signifie que l'effort à fournir par la France et ses responsables politiques est en réalité au moins aussi important que ceux qui devront être fournis en Chine. Un effort similaire et conjoint entre la France et la Chine, puisque nous l'avons vu, la Chine produit de larges parties des biens consommés dans les pays de l'Union européenne, France incluse.

Compte tenu de la dépendance de l'économie française aux importations, notamment venues de Chine, il est certain que pour convaincre la première puissance économique mondiale de déployer des plans politiques de réduction de gaz à effet de serre efficaces sur son territoire, la France devra montrer sa capacité à en faire de même, et à contribuer à financer la conversion bas carbone de l'industrie. Elle risque sinon de devenir pour la Chine un simple interlocuteur économique sans aucune influence politique.

L'Allemagne

Le cas de l'Allemagne est plus intéressant encore. Son niveau d'émission de gaz à effet de serre, historiquement haut, place le pays parmi les plus émetteurs au monde, loin devant les grands pays d'Europe, le Royaume-Uni, la France, l'Italie, l'Espagne et la Pologne. En cause notamment une utilisation massive du charbon dans la production d'électricité, une industrie encore très dynamique, mais aussi une fascination pour les voitures puissantes, lourdes et fortement émettrices de gaz à effet de serre.

Vue depuis la France, l'Allemagne est le pire ennemi du climat en Europe. Outre ses émissions de gaz à effet de serre historiquement hautes, les autorités allemandes ont commis un « crime » aux yeux des responsables français en confirmant en 2011 leur décision de fermer leurs 17 réacteurs nucléaires après l'accident de Fukushima. Une décision qui aurait pour conséquence, selon certains industriels et élus français, une utilisation accrue du charbon outre-Rhin conduisant à l'augmentation des rejets de gaz à effet de serre dans l'atmosphère. On a d'ailleurs souvent évoqué dans les médias français la relance d'un programme de construction de centrales à charbon en Allemagne pour remplacer le nucléaire. Mais en réalité, ce n'est pas aussi simple.

Tout d'abord, l'Allemagne a réduit ses émissions de gaz à effet de près de 35 % depuis 1990[1] et pourrait bientôt atteindre l'objectif qu'elle s'était fixé pour 2020 en passant la barre des 40 %. Un résultat que l'on n'osait espérer il y a encore quelques années, puisque de 2009 à 2017, les émissions du pays n'avaient pas suffisamment

1. « *The German power market, state of affaires* », janvier 2020, Agora Energiewende.

évolué. La crise économique induite par l'épidémie de la COVID-19 facilitera la tenue de cet objectif, mais c'est à la transformation du secteur de la production de l'électricité que l'on doit en grande partie ces bons résultats. En effet, les émissions de gaz à effet de serre du secteur ont baissé de près de 30 % ces six dernières années[1], grâce à une très forte diminution de l'utilisation du charbon, remplacé par l'éolien et le solaire, dans la production d'électricité. Alors que près de la moitié de l'électricité provenait encore du charbon au début des années 2010, ce sont les énergies renouvelables qui, en 2019, généraient 40 % de l'électricité allemande. Avec pour effet une baisse de 35 % de l'usage du charbon en Allemagne et de 45 % de la production nucléaire.

Quant à savoir si l'Allemagne aurait pu réduire davantage son utilisation du charbon si elle n'avait pas fermé ses réacteurs nucléaires, là encore, rien n'est moins sûr. En effet, l'Allemagne avait lancé entre 2005 et 2009 un programme de 39 constructions de centrales à charbon qui aurait conduit, à terme, à une augmentation de près d'un tiers de la quantité d'électricité produite à partir du charbon et, par conséquent, une hausse des émissions de gaz à effet de serre. Les dirigeants allemands entendaient bénéficier d'une ressource abondante sur leur territoire. Mais depuis, trente projets ont été abandonnés et seulement huit ont été menés à terme alors qu'autant de centrales à

1. *Ibid.*

charbon plus anciennes ont été arrêtées[1]. Alors qu'une ultime centrale allait être mise en exploitation, en mai 2020, et après que tous les recours qui ralentissaient sa construction depuis 13 ans eurent été rejetés, le gouvernement fédéral allemand décidait la fermeture d'une première centrale à charbon d'ici la fin de la même année, dans le cadre d'un plan d'arrêt progressif des centrales à charbon d'ici 2038. Début septembre enfin, Vattenfall annonçait son intention de fermer l'une de ses plus récentes et plus puissante centrales à charbon près de Hambourg faute de profits suffisants[2].

Plutôt qu'une sortie du nucléaire et une relance du charbon, c'est en réalité un abandon simultané du nucléaire et du charbon qu'a initié l'Allemagne depuis 2011, en faisant le choix de développer massivement les énergies renouvelables, éolien et solaire en tête. Une tendance qui s'accélère puisque sur la seule année 2019, le pays aura retiré de son réseau électrique 25 % de sa production annuelle d'électricité à base de charbon. Si l'Allemagne a bel et bien un niveau d'émission de gaz à effet de serre trop élevé, ce n'est donc pas en raison de la transition électrique par les énergies renouvelables, bien au contraire, mais parce que tout comme en France, d'autres

---

1. Selon les inventaires annuels « *Kohlekraftwerks projekte in Deutschland* » de l'association allemande Deutsche Umwelthilfe.
2. « *Vattenfall wants to shut down its largest coal power station in Germany* », 2020, Cleanenergywire.

secteurs extrêmement polluants ne se transforment pas assez vite ; les transports notamment.

L'empreinte carbone

Pourtant, au-delà des appréciations erronées de la transition du secteur électrique allemand, les responsables français aiment à comparer leur bilan carbone à celui de l'Allemagne pour se montrer à leur avantage. En 2018, les émissions de gaz à effet de serre sur le territoire français étaient en effet deux fois moins élevées qu'en Allemagne. Un Français émettait près de 7 teqCO_2 en 2018, contre 10,5 pour un Allemand. De quoi rappeler l'Allemagne à son devoir climatique ? Oui. Mais la France est-elle en comparaison si vertueuse ? Pas vraiment.

Sortons à nouveau des émissions domestiques de gaz à effet de serre pour comparer l'impact complet des économies allemande et française sur le climat. Nous l'avons vu précédemment, chaque Français voit son empreinte carbone stagner depuis 20 ans autour de 11 teqCO_2. Malgré la baisse des émissions sur notre territoire, l'impact climatique des importations n'a fait que croître.

Du côté de l'Allemagne, l'empreinte est historiquement haute. Elle s'élevait à plus de 16 teqCO_2 par habitant dans les années 2000[1] ne baissant

---

1. « *The Global Resource Footprint of Nations. Carbon, water, land and materials embodied in trade and final consumption calculated with EXIOBASE 2.1.* », 2014, Tukker Arnold et al.

que très légèrement jusqu'en 2015[1] avant de baisser très fortement depuis sous l'effet du développement des énergies renouvelables dans le système électrique et de la baisse de consommation du charbon. En 2019, elle devrait se situer autour de 14,5 teqCO_2 par habitant[2]. Un niveau qui reste supérieur à celui de la France, mais qui pourrait devenir à peine plus élevé d'ici 5 ans si la baisse des dernières années maintenait son rythme.

Une tendance constatée aussi outre-Manche, où la baisse des émissions du secteur électrique par le développement rapide de l'énergie éolienne en mer a permis quasiment de supprimer le recours au charbon et de réduire de 25 % l'empreinte carbone moyenne des habitants du Royaume-Uni. De près de 16 teqCO_2 en 2000, elle s'établit désormais en dessous de 12 teqCO_2[3]. À peine plus que la France.

Des données qu'il faut certes manipuler avec précaution puisque les différentes méthodes

---

1. « *Direkte und indirekte CO_2-Emissionen in Deutschland 2010-2015* », 2019, Destatis, Office allemand de la statistique.
2. Évaluation de l'empreinte carbone allemande 2019 effectuée par l'auteur sur la base des données relatives à l'empreinte carbone de l'office de statistique allemand Destatis pour les années 2000, 2005, 2010 et 2015 et de l'inventaire des émissions domestiques de gaz à effet de serre allemandes pour l'année 2019 produit par le ministère allemand de l'Environnement.
3. Évaluation de l'empreinte carbone britannique 2019 effectuée par l'auteur sur la base des données relatives à l'empreinte carbone des années 1997 à 2017 et

d'évaluation des empreintes carbones peuvent conduire à des écarts dans les résultats. Il faudra attendre sans doute quelques années pour consolider l'ensemble des bases de données nécessaires à un calcul précis, et pour unifier les méthodes de calcul entre les pays. Cependant, les données existantes permettent de comparer les ordres de grandeur et ainsi de constater que la consommation des Français, Allemands et Britanniques, est responsable d'émissions moyennes de gaz à effet de serre de plus en plus proches. L'accélération des baisses au Royaume-Uni et en Allemagne, et la stagnation en France, bouleverse progressivement les rôles en Europe où la France ne fait désormais plus figure de bon élève.

Une réalité très éloignée des discours fanfarons des dirigeants français, selon qui la France tient place de leader climatique en Europe, sinon dans le monde. Alors que la France est à l'arrêt, les autres puissances économiques d'Europe avancent, innovent et investissent dans un modèle énergétique d'avenir. Il est temps que les dirigeants français se réveillent.

---

de l'inventaire des émissions domestiques de 1990 à 2019 fournies par le ministère de l'Environnement du Royaume-Uni.

Chapitre 11
La démission permanente

« Mon véritable adversaire, il n'a pas de nom, pas de visage, pas de parti, il ne présentera jamais sa candidature, il ne sera jamais élu et pourtant il gouverne. Cet adversaire, c'est le monde de la finance. »

François Hollande, le 21 janvier 2012 lors de son premier discours en tant que candidat officiel du Parti socialiste à l'élection présidentielle de 2012, Le Bourget.

Nous avons pu le constater, le bilan climatique de la France n'est ni meilleur ni moins bon que celui d'autres puissances économiques de l'Europe, il n'est tout simplement pas bon. Les baisses d'émissions de gaz à effet de serre sur le territoire français ne sont pas assez rapides et évoluent principalement au gré de conditions climatiques favorables et de baisses subies de l'activité économique. En outre, la dépendance du pays aux importations de produits entraîne des émissions de gaz à effet de serre massives hors du pays et contribue à maintenir une empreinte carbone colossale de l'économie française. Un double échec pour les présidents de la République française du XXIe siècle qui n'ont eu de cesse de retarder la mise en place de mesures efficaces. À défaut du courage de l'action, ils ont préféré développer une stratégie qui se résume à un récit politique trompeur sur l'excellence climatique française, à l'illusion d'une action permanente, à des mises en scène de leur volontarisme.

Un échec qui laisse, en guise d'horizon, peu de choix aux Français : soit ils se résolvent à engendrer chaque année 60 % de gaz à effet de serre de plus qu'un humain moyen. Soit ils tentent l'expérience d'une transition à leur échelle – de toute façon utile, mais dont l'ampleur risque d'être limitée par une action contre-productive de l'État, de certaines entreprises et financeurs[1]. Dans tous les cas l'abandon des Français par l'État dans la lutte contre le dérèglement climatique est à déplorer car elle abandonne les Français face à ses impacts les plus extrêmes. Rappelons-le, le réchauffement global n'épargne ni la nature, ni la qualité de vie des humains, ni l'économie. Le changement climatique impacte déjà la vie des Français et cela pour longtemps. Cet enjeu central pour l'avenir du pays devrait mobiliser des politiques publiques offensives dans le but de protéger chacun de ses impacts les plus violents.

Si l'enjeu climatique est si central, comment expliquer ces démissions en chaîne des présidents successifs ?

---

1. « Faire sa part ? Pouvoir et responsabilité des individus, des entreprises et de l'État face à l'urgence climatique », 2019, Carbone 4.

La crise économique de 2008

Ce n'est certainement pas la radicalité des mesures nécessaires à enrayer une crise qui les effraie. Prenons pour exemple la crise économique mondiale de 2008. Cette année-là, Nicolas Sarkozy n'avait pas hésité à bousculer ses priorités pour sauver les banques en y investissant massivement de l'argent public. On aurait pu croire que le président français voyait dans cette crise une opportunité de changer en profondeur les règles de l'économie. En septembre 2008 à Toulon, il déclarait d'ailleurs qu'une « *certaine idée de la mondialisation s'achève avec la fin d'un capitalisme financier qui avait imposé sa logique à toute l'économie et avait contribué à la pervertir. L'idée de la toute-puissance du marché qui ne devait être contrarié par aucune règle, par aucune intervention politique, était une idée folle. L'idée que les marchés ont toujours raison était une idée folle* ». Hélas ! Deux années plus tard, le président renonçait à son projet écologique de transformation de la société, préférant favoriser une reprise économique sans contrainte et par un soutien à la consommation.

La pandémie de la COVID-19

Douze ans plus tard, en mars 2020, alors que la France et le monde font face à une crise sanitaire internationale avec la pandémie de la COVID-19 on observe une mécanique similaire.

Emmanuel Macron, qui s'exprime depuis l'Élysée, prend acte d'une crise sanitaire globale qui déjà menace de plonger le monde dans une crise économique d'ampleur. Tout sera fait, nous annonce-t-il, pour stopper l'épidémie, protéger les populations : « *tout sera mis en œuvre pour protéger nos salariés et nos entreprises, quoi qu'il en coûte, là aussi* ». Dans ce même discours, Emmanuel Macron va même plus loin, en posant un constat qui fait écho à celui de Nicolas Sarkozy douze ans plus tôt : « *il nous faudra demain tirer les leçons du moment que nous traversons, interroger le modèle de développement dans lequel s'est engagé notre monde depuis des décennies et qui dévoile ses failles au grand jour [...]* ». En somme, nous assistions alors à une nouvelle prise de conscience pour le président Macron, qui promet « *des décisions de rupture* » à l'avenir. Le président souhaitera-t-il relancer l'économie française par le soutien aux industries « *quoi qu'il en coûte* » et quel qu'en soit l'impact environnemental ? Ou bien choisira-t-il de transformer en profondeur son projet économique, en rompant réellement avec un modèle de développement qui détruit notre environnement et facilite l'émergence de crises sanitaires ? On sait depuis que les milliards d'euros injectés dans les entreprises de l'automobile et de l'aéronautique se feront sans contrepartie climatique.

Étrangement, ce sont des crises globales ponctuelles – même si leurs effets s'inscrivent dans la durée – qui auront poussé les présidents à réagir vite et avec radicalité dans l'espoir d'un retour rapide à la normale. Face à la pandémie de la COVID-19, les mesures prises en France (comme dans d'autres pays dans le monde), ont conduit à de véritables bouleversements des habitudes de consommation et de déplacements, à l'arrêt plusieurs semaines durant des activités économiques jugées non essentielles, et à l'indemnisation d'une partie des travailleurs en incapacité de travailler. L'objectif étant pour le chef de l'État et son gouvernement de se concentrer sur un unique objectif : stopper la propagation du virus et protéger les Français. À la suite de la mise en place des premières mesures radicales, la climatologue Franco-Canadienne et présidente du Haut Conseil sur le climat, Corinne Le Quéré, constate avec prudence « *la capacité des gouvernements à agir dans l'urgence pour l'intérêt général* »[1] soulignant que des plans d'action ont été « *développés sur la base de données scientifiques et actualisées. Une réponse rapide est coordonnée à l'international, soutenue par les individus et les entreprises. La communication est continue. Des sommes importantes sont débloquées au niveau national ou européen pour aider les entreprises à passer le cap* ». « *On sait donc faire* » conclut-elle en demandant qu'une réponse similaire soit apportée ensuite à la crise climatique. De leur côté, le

1. « La climatologue Corinne Le Quéré demande une réponse équivalente au coronavirus pour le climat », 2020, *20 minutes* avec AFP.

politologue François Gemenne et la spécialiste de la santé publique Anneliese Depoux appellent eux aussi à tirer les leçons de la crise du coronavirus, constatant que « *les mesures radicales et pourtant acceptées par la population pour endiguer l'épidémie éclairent sur la manière de mener le combat contre le réchauffement de la planète* »[1].

Gérer simultanément le réchauffement climatique et les crises

Car plus qu'une crise, le changement climatique est un bouleversement qui engendre déjà des transformations irréversibles du monde dans lequel nous vivons. Face à l'urgence et à l'ampleur des impacts, une réponse radicale doit être apportée par les responsables politiques.

Si la crise économique de 2008 ou la crise sanitaire de l'épidémie de la COVID-19 en 2020 auront eu des conséquences terribles pour l'humanité, les dérèglements climatiques engendreront vraisemblablement des situations plus terribles encore : l'addition de plusieurs événements météorologiques extrêmes, d'événements sanitaires ou économiques simultanés ou successifs, et d'ampleur similaire aux crises globales récentes. Il ne s'agit pas d'une crise globale arrivant tous les dix

1. « De la crise du coronavirus, on peut tirer des leçons pour lutter contre le changement climatique », Tribune de François Gemenne et Anneliese Depoux, 2020, *Le Monde*.

ans, mais d'une transformation irréversible de notre environnement qui entraînera vraisemblablement de nombreuses crises simultanées.

Changer de projet économique

Dans le discours d'Emmanuel Macron sur le climat il n'est nullement question de rupture ou de remise en cause du modèle économique. En janvier 2020, devant les 150 citoyens français tirés au sort pour composer la Convention citoyenne sur le climat, il explique ne pas pouvoir «*faire les choses du jour au lendemain*». Interrogé par exemple sur l'objectif trop éloigné de l'interdiction du plastique jetable en 2040 : « *On a une industrie qui existe. On ne peut pas dire du jour au lendemain ton travail n'existe plus* ». Une réponse similaire à celle apportée quelques jours plus tard sur l'interdiction du glyphosate. On l'aura bien compris, pour Emmanuel Macron, tout comme Nicolas Sarkozy auparavant, l'économie et l'emploi passent toujours avant le climat.

En réalité, si nos quatre chefs d'État n'ont pas été capables d'inverser la courbe de nos émissions de gaz à effet de serre, c'est qu'un autre projet politique leur est toujours apparu prioritaire.

Cet autre projet, c'est leur projet économique. Celui qui les passionne tant au point de s'aveugler par les marqueurs de ses performances – croissance du PIB, création d'emploi, volumes d'exports ; au point d'en accepter les impacts les plus dommageables – pauvretés, destructions environnementales, dépendances aux imports.

Lutter contre le dérèglement climatique, nous disait François Hollande en 2012, oui, mais à la condition que cela n'entame pas la compétitivité des entreprises françaises. Une compétitivité que tous nos présidents espéraient voir plus importante au cours de leur quinquennat pour augmenter les recettes publiques, voir le chômage baisser et assurer une influence économique et politique de la France à l'étranger. Une compétitivité toujours trop faible à leurs yeux, justifiant de retarder d'un an, puis de deux, puis finalement d'un quinquennat, la bataille pour le climat.

On se souvient d'un Jacques Chirac obsédé au début du siècle par le spectre de la croissance nulle; d'un Nicolas Sarkozy à la tête d'un « *État en faillite* » en 2007, selon son Premier ministre et, à partir de 2008, empêtré dans la gestion de la crise économique; d'un François Hollande anxieux de ne pas réussir à inverser la courbe du chômage au point d'offrir chaque année près de 20 Md€ de crédit d'impôt aux entreprises, sans aucun garde-fou environnemental; et enfin d'un Emmanuel Macron à l'offensive pour sécuriser une fiscalité avantageuse pour les entreprises, avant d'injecter en 2020 des dizaines de milliards d'euros dans les grandes entreprises françaises à la suite de l'épidémie de la COVID-19. Quatre projets économiques très proches reposant sur un soutien massif aux entreprises sous la forme de réformes fiscales et d'investissements publics, et qui auront pour point commun de montrer des résultats modestes sur le plan de la croissance et du chômage et d'intégrer trop peu de contreparties environnementales.

Durant vingt années, il n'a jamais été envisagé de répondre aux inquiétudes économiques par la construction d'un projet protégeant l'environnement. Au contraire, cela a été souvent dénoncé comme une menace à la stabilité de l'économie ou à la qualité de vie des ménages. L'écologie dite punitive, l'attitude anti-entreprise ou anti-progrès des défenseurs de l'environnement, ou même les redoutés « khmers » ou « ayatollahs » verts, ont été pointés du doigt afin de faire émerger l'idée que la lutte pour le climat et la défense de l'environnement empêcheraient l'économie française de fonctionner.

En réalité, loin de ces clichés, ce que questionne l'approche climatique dans la définition d'un projet économique est son adéquation avec les objectifs de réduction de gaz à effet de serre. Mais la crainte des présidents, de Jacques Chirac à Emmanuel Macron, aura été de voir les performances économiques de court terme réduites par le processus de transition écologique. Et sans doute la crainte de voir ainsi leur réélection compromise... Une stratégie pour l'instant peu couronnée de succès.

Les limites de l'approche technologique

Un premier aspect de l'intégration des contraintes climatiques dans l'économie a été largement débattu et en partie mis en œuvre ces dernières années. Il questionne la manière avec laquelle est produite l'énergie et l'efficacité de ses usages. Un premier aspect que les responsables politiques français ont cru devoir limiter à une unique approche technologique et donc industrielle, par exemple au travers du développement des énergies renouvelables et des réseaux électriques, du remplacement des appareils électroménagers ou des moteurs industriels les plus gourmands en énergie, ou encore en pariant sur un déploiement massif des véhicules électriques à l'avenir. Une approche technologique de la transition énergétique qui élude le potentiel gigantesque des économies d'énergie par la rénovation énergétique des logements ou les alternatives à la voiture, que les gouvernements successifs n'ont jusqu'à présent pas voulu suffisamment soutenir. Un potentiel d'économies d'énergie pourtant massif que le collectif d'experts français négaWatt évalue à plus de 50 % de la consommation annuelle d'énergie finale dans son scénario de transition énergétique de 2017[1].

Mais l'approche purement technologique de la production et de la consommation de l'énergie

1. « Scénario négaWatt pour la France, 2017-2050 », janvier 2017, négaWatt.

de l'État ne suffira pas à atteindre les objectifs climatiques. Notamment, pour parvenir à produire suffisamment d'énergie sans carbone sans créer de nouvelles pollutions massives, il faudra en économiser les usages. Mais aussi parce que nous devons réduire l'empreinte carbone de la consommation des biens manufacturés et les pollutions multiples liées à l'extraction et à la consommation massive des ressources premières. Car, si les véhicules ou avions électriques pouvaient émettre à l'avenir peu de CO_2 à l'usage, encore faudrait-il que leur production, leur acheminement ou la construction des infrastructures pour les faire fonctionner n'en émettent pas trop et ne deviennent pas de nouvelles sources de pollutions environnementales. Remplacer l'ensemble du parc automobile à essence et diesel par un nombre équivalent de véhicules électriques n'est pas compatible avec l'impératif de neutralité carbone. L'industrie automobile française ne peut envisager son avenir dans un projet identique à celui du passé, où la rentabilité se construirait par la vente de 2 millions de véhicules électriques neufs en France chaque année. La production d'un tel nombre de véhicules provoquerait l'émission de près de 10 $MteqCO_2$ par an, soit 5 à 10 % du budget carbone que chaque Français pourra se permettre en 2050. Une part importante donc, qui risque de rentrer en conflit avec d'autres besoins comme les produits carbonés issus de l'agriculture, de l'énergie et des autres produits manufacturés. Surtout si chaque secteur de production envisage de bâtir sa rentabilité sur la production et la vente massive de ses produits.

Et c'est là que la doctrine économique de nos présidents rentre en conflit avec la prise en compte des contraintes climatiques. À l'exigence de construire une approche rationnelle de production et une modération de la consommation, nos chefs d'État ont toujours répondu que la consommation des Français – et donc la productivité des industries – est un levier incontournable à la stabilité de l'économie française.

Le site du ministère de l'Économie le précisait dans ses fiches pédagogiques en 2013 : « *La consommation des ménages représente en France un peu plus de la moitié du PIB. Elle est, en France, le moteur essentiel de la croissance économique* ». En 2020, Le ministre de l'Économie et des Finances, Bruno Le Maire, lançait sur BFMTV cette injonction « *les Français doivent consommer !* ». Une injonction déjà formulée quelques semaines plus tôt par Pierre Moscovici (actuel président de la Cour des comptes et ancien ministre de l'Économie de François Hollande entre 2012 et 2014) sur RTL[1]. Une injonction à consommer qui doit servir à écouler une partie de la production des entreprises françaises, contribuer à accroître leur compétitivité et ainsi notamment leurs performances à l'export.

1. « Les Français doivent consommer enjoint Pierre Moscovici », 1er juillet 2020, RTL.

Revoir les rythmes et les habitudes de consommation, c'est enrayer l'actuel moteur de l'économie. Un moteur que nos présidents, qui ne semblent concevoir aucune alternative, veulent préserver à tout prix.

S'il existe un modèle industriel et commercial qui permette de réduire les émissions de gaz à effet de serre issues de la consommation des Français, il n'aura pas trouvé d'alliés parmi les majorités présidentielles qui se sont succédé. Car la transition vers ce modèle risquerait de réduire temporairement – c'est en tout cas leur crainte – les performances économiques de certaines activités jusque-là considérées comme des atouts solides pour l'économie française. Une situation à laquelle les présidents successifs ne souhaitaient se résoudre. Leur quête de compétitivité pour les entreprises françaises passera toujours par la consommation des Français, rendant impossible la transformation de l'appareil industriel à des fins climatiques.

Et pour cause, les poids lourds de l'économie française ne sont pas exactement des modèles de vertus climatiques ou environnementales. La France possède des champions de la construction de grandes infrastructures routières, d'aéroports, ou encore de bâtiments de commerces, immenses temples de consommation. Notre industrie est aussi leader dans les secteurs de la construction aéronautique, avec Airbus, Latécoère, Safran ou Thales, et de la construction automobile, avec Renault, Peugeot et Citroën et des dizaines d'équipementiers tels que Valéo et Michelin. Autant d'activités et de machines fortement émettrices de gaz à effet de serre lors de leur construction ou de leur usage, et que nous exportons en masse. Il y a enfin les entreprises de l'énergie telles que Total et Engie, dont le cœur de métiers demeure aujourd'hui l'extraction, le commerce ou la combustion de charbon, gaz et pétrole. Aucune de ces industries ne s'inscrit dans le cadre d'un modèle économique durable ni utile à la lutte contre les dérèglements climatiques. Au contraire, ces champions industriels français alimentent la catastrophe environnementale : le transport aérien et routier représente près de 17 % des émissions de gaz à effet de serre globales et le béton utilisé dans la construction près de 5 %. Enfin, la consommation des ménages en biens, services et habillement représente, en France, près d'un tiers de leur empreinte carbone moyenne[1]. En 2013, l'ONG britannique Carbon Disclosure Project plaçait 6 entreprises françaises parmi les 50 entreprises mondiales les plus émettrices de gaz à effet de serre : GDF-Suez (aujourd'hui Engie), Lafarge, EDF, Total, Air Liquide et Saint-Gobain[2]. En 2017, La même ONG plaçait Total parmi les 25 entreprises

1. Selon les données publiées dans « L'empreinte carbone des ménages français et les effets redistributifs d'une fiscalité carbone aux frontières », 2020, OFCE.
2. « *Global 500 Climate Change Report 2013* », 2013, CDP.

responsables de 51 % des émissions de gaz à effet de serre des trente dernières années[1].

L'impact de la Finance

Pour compléter le panorama, arrêtons-nous un instant sur l'impact des groupes financiers français. Dans un rapport publié en novembre 2019, les associations Oxfam et Les Amis de la Terre en France dénonçaient la « *colossale empreinte carbone des banques françaises* ». Leur constat : les gaz à effet de serre issus des activités financées par les quatre plus grandes banques françaises – BNP Paribas, Crédit Agricole, Société Générale et BPCE, représentent plus de 2000 MteqCO_2 chaque année. Arrêtons-nous un instant sur ce chiffre colossal. Ces quatre banques produisent ainsi trois fois plus de gaz à effet de serre que l'empreinte carbone de la France et autant que ce que l'Inde produit en un an sur son propre sol. Selon Oxfam, les banques sont insuffisamment régulées par l'État et l'association appelle les dirigeants français à légiférer par des mesures contraignant les activités de financement, afin d'empêcher notamment celles concernant les infrastructures de charbon et de pétrole. Face à ce constat, les banques ont fait valoir leurs engagements : pour certaines, l'arrêt du financement des centrales à charbon entre 2030 et 2040, pour d'autres, l'arrêt du financement d'entreprises qui

1. « *The Carbon Majors Database* », 2017, CDP.

tirent plus de 25 % de leurs revenus des énergies fossiles. Des premiers pas vivement salués par Emmanuel Macron en décembre 2017 lors de son autosommet du climat, le « *One Planet Summit* », organisé à Paris afin de rendre la finance « *plus verte* ». Le ministère de l'Économie française saluait les engagements des banques sur son site en célébrant « *La finance publique et privée au service de l'action climatique* ». Mais voilà, deux ans plus tard, le rapport des associations montre que l'impact climatique des banques françaises reste gigantesque. L'engagement récent des banques pour le climat reste insuffisant, tant leur action sur le climat est en réalité destructrice.

Face à un conflit entre leur doctrine économique et l'impératif qui leur incombe de réduire les émissions de gaz à effet de serre de l'économie française, les présidents Chirac, Sarkozy, Hollande et Macron ont tous eu la même attitude. Premièrement penser que leurs inquiétudes sur les performances de l'économie française justifiaient de renvoyer à plus tard la réduction des émissions de gaz à effet de serre en s'accrochant à l'espoir que le dérèglement climatique n'allait pas durablement impacter l'économie française. Se lover ensuite dans une pensée magique : l'approche purement technologique de la transition énergétique suffirait à réduire les émissions de gaz à effet de serre de l'ensemble des secteurs et leur éviterait de devoir transformer les objectifs et processus de l'industrie et du commerce. Considérer enfin que l'action économique de l'État se résume à la fiscalité seule, en renonçant ainsi à son rôle de planificateur et de régulateur. Peut-on imaginer plus grand renoncement – plus réelle démission – de la part d'un président ?

Comme dans le conte d'Andersen, il est fort probable que le peuple français se soit rendu compte que le roi est nu.

Cinquième partie

LA RUPTURE

Chapitre 12

Vers une politique de rupture

> *« Je vais prendre pour la première fois la décision la plus difficile de ma vie. Je ne veux plus me mentir, je ne veux pas donner l'illusion que ma présence au gouvernement signifie qu'on est à la hauteur sur ces enjeux-là et donc je prends la décision de quitter le gouvernement aujourd'hui. »*
>
> Nicolas Hulot, le 28 août 2018, France Inter.

La posture de la France et de ses dirigeants vis-à-vis du climat n'est plus tenable. Le moteur même de notre économie est aussi celui de la catastrophe climatique. Le pays, en important une large part de ce que l'on consomme, a perdu en partie le contrôle des activités de production et de commerce les plus émettrices d'émissions de gaz à effet de serre, sans pour autant savoir développer les activités bénéfiques au climat. Nos dirigeants, espérant protéger la France de futures crises, l'ont en réalité enfermée dans le modèle qui les génère. Un modèle où les activités polluantes composent le cœur des systèmes énergétiques, des transports et de l'agriculture, où la rentabilité de l'industrie n'est envisagée que par la surconsommation, le gaspillage et l'obsolescence des produits.

L'Urgence climatique

Pourtant, il y a urgence à préserver le climat. Les scientifiques nous disent qu'il faudra atteindre la neutralité carbone si possible dès 2040 et au plus tard en 2055 pour limiter la hausse de la température moyenne du globe au plus près de 1,5 °C et éviter un changement climatique hors de contrôle. C'est-à-dire que d'ici là, il faudra émettre une quantité de gaz à effet de serre équivalente, si possible inférieure à ce que les océans et les forêts peuvent capter chaque année. En France, il s'agit de réduire par cinq nos niveaux d'émissions domestiques et de diviser par près de dix l'empreinte climatique de nos consommations. L'ensemble des secteurs économiques devra connaître en une vingtaine d'années des réductions massives de leurs émissions. Des réductions qui, pour les secteurs de l'énergie, des transports, de la construction, de l'agriculture et du commerce, nécessitent des changements complets de leurs objectifs, des procédés de fabrication, de leur structure, de leurs stratégies commerciales. Certains secteurs d'activité, par exemple ceux liés aux hydrocarbures, sont appelés à disparaître le plus rapidement possible.

Il y a aussi urgence à agir pour se prémunir de crises économiques et sanitaires qui résulteront des assauts répétés d'événements climatiques extrêmes. Déjà les impacts du réchauffement global entraînent de nombreux dégâts matériels et humains. Sur le plan sociétal aussi, il y a urgence. Les populations souffrent et s'inquiètent de ne pas voir venir des solutions à la hauteur des enjeux. Les conflits émergent entre ceux dont les activités sont jugées responsables de la crise climatique, ceux qui souhaitent une action climatique rapide et radicale et ceux enfin qui en souffrent le plus directement. La quête de résilience ou plus largement le besoin de trouver les moyens de s'adapter aux impacts présents et à venir du réchauffement se font déjà sentir dans certains secteurs économiques ou certains territoires. L'absence de réponse aux appels de plus en plus pressants des citoyens pour qu'une approche cohérente et efficace soit mise en œuvre, revient, de la part de nos dirigeants, à prendre le risque d'alimenter une déshérence de la démocratie.

Cet état d'urgence climatique, soyons clairs, ne peut se contenter d'ambitions lointaines, de politiques des petits pas ou des écogestes citoyens. Les contraintes fixées sur le long terme aux entreprises et les politiques d'incitations à produire mieux sont encore insuffisantes. Le maintien d'une fiscalité qui protège les énergies les plus polluantes comme le kérosène et le diesel sont quant à elles d'insupportables vestiges de politiques anti-environnementales.

Il faut désormais aller vite, très vite. Agir et investir « *quoi qu'il en coûte* » à l'économie et aux entreprises les plus polluantes, pour reprendre les mots du président Emmanuel Macron durant l'épidémie de la COVID-19 en mars 2020. Pour y parvenir, deux grandes ruptures doivent s'opérer. La première, bien sûr, se situe dans le champ de l'économie qui doit se transformer de fond en comble pour parvenir à réduire les émissions de gaz à effet de serre. La seconde concerne l'État qui doit rompre avec ses pratiques politiques les plus honteuses où le manque de culture des grands enjeux du siècle, les défauts d'inventivité et de savoir-faire politiques sont dissimulés par une stratégie de communication à l'esbroufe.

Les futurs responsables du pays – chefs d'État, membres du gouvernement, et parlementaires – doivent prendre la mesure de la gravité du témoignage de Nicolas Hulot lors de sa démission. Ceux qui influencent les décisions de l'État, à l'encontre des impératifs climatiques et environnementaux, veulent en réalité nuire à l'avenir des Français, nuire à la France. Ils ne peuvent plus être considérés comme des alliés de l'État français.

Chapitre 13

Changer le moteur de l'économie

> *« Le concept traditionnel et linéaire de l'économie industrielle présente encore aujourd'hui de nombreux avantages pour les acteurs économiques, et l'un est d'externaliser le coût du risque et des déchets. Actuellement, aucune loi n'oblige une entreprise à internaliser ces coûts. »*
>
> Walter Stahel, créateur avec Geneviève Reday-Mulvey du concept de l'économie circulaire, 2013, interview au magazine *Making It: Industry for Development* de l'UNIDO.

Ces vingt dernières années, les dirigeants français n'auront eu de cesse de dissimuler derrière un activisme climatique de façade leur incapacité à transformer le projet industriel et la politique économique du pays. Ils ont voulu croire que le modèle économique qui alimente le réchauffement global pouvait être la solution. Ils n'ont pas su voir que la transformation de leur doctrine économique est au contraire incontournable pour accélérer la lutte contre le réchauffement global. L'encouragement à une consommation folle, à la production de produits neufs, ni réparés ni recyclés mais rapidement jetés et cassés est à la fois le véritable moteur de notre économie mais aussi celui de multiples pollutions et du réchauffement global. Ainsi, alors que des événements climatiques d'une rare puissance touchaient la France en 2019, on voyait se démultiplier les écrans de publicité numérique énergivores dans l'espace public, les voitures polluantes de type SUV battaient des records de ventes. Cette même année, l'empreinte carbone du pays restait à son niveau le plus élevé.

Le libre-échange

L'économie d'un pays comme la France participe d'un modèle économique mondial qui repose sur le libre-échange de marchandises entre les pays. Un modèle économique qui a démontré sa capacité à augmenter rapidement les émissions de gaz à effet de serre à l'échelle du globe, sans jamais parvenir à les réduire. Et la France, sans outils sur son territoire pour produire les biens qu'elle consomme, s'est enchaînée à des importations responsables d'émissions massives de gaz à effet de serre hors du territoire.

C'est donc au cœur du modèle économique que doivent s'opérer des mutations majeures. S'il est certain que la France ne parviendra pas à elle seule à modifier des pratiques commerciales internationales, elle a, sur son territoire et au sein de l'Europe, la capacité d'agir et d'influencer par la mise en place de réglementations, d'une fiscalité incitative, d'investissements publics, etc. La France a la possibilité d'agir à son échelle et les moyens d'insuffler une dynamique positive de changement à travers le monde.

Pour parvenir à réduire l'empreinte climatique de ce que l'on produit, de ce que l'on consomme, il faudra voir les entreprises réduire les émissions de gaz à effet de serre tout au long de la chaîne de production et de distribution des biens et produits manufacturés. Il s'agira pour cela de les inciter à influencer leurs partenaires économiques hors de France ou de relocaliser en partie leur chaîne de valeur. Pour cela, bien sûr, il faudra assurer un approvisionnement en énergies renouvelables comme alternative aux énergies les plus polluantes. Mais aussi construire une nouvelle vision de l'extraction des matières primaires, des déplacements des matières, des composants et des produits ainsi que des normes de conception des produits compatibles avec la réduction de leur empreinte carbone.

L'économie circulaire

Une vision portée par le concept d'économie circulaire élaboré par Walter Stahel et Geneviève Reday-Mulvey à la fin des années 1970 et qui, pour être mise en place, doit conduire à des transformations à la fois structurelles et culturelles des modèles industriel et commercial du pays. Des transformations qui nécessitent qu'une stratégie industrielle nouvelle, rompant avec celle établie il y a près de deux siècles par la révolution industrielle, soit définie par l'État et les acteurs de la vie économique française. Une stratégie nouvelle qui, modifiant les pratiques de production, transformera les cultures de consommation et du commerce.

Certains principes de l'économie circulaire sont anciens, connus de tous et ont déjà été introduits dans cette mécanique économique pour en réduire les impacts environnementaux : le tri d'une partie de nos déchets, la baisse de l'utilisation d'énergie dans certains processus industriels, les circuits courts entre producteurs et consommateurs, ou encore la vente d'objets d'occasion. Mais ne soyons pas naïfs pour autant car cela est loin d'être satisfaisant. D'une part, le rythme de mise en place de ces mesures est très lent : il faut parfois plusieurs années pour interdire l'usage de produits nocifs pour la santé ou l'environnement, et les restrictions ou interdictions qui s'appliquent aux entreprises sont souvent à des échéances très lointaines ; c'est par exemple le cas de l'utilisation des plastiques à usage unique en France, dont l'interdiction n'est envisagée que d'ici 2040. Non seulement les déchets plastiques sont devenus une source majeure de pollution des sols et des océans, et forment des pièges mortels pour les animaux, mais par ailleurs leur fabrication puis leur gestion une fois devenus des déchets sont des sources d'émissions de gaz à effet de serre. Enfin surtout, l'introduction de quelques principes de l'économie circulaire est loin d'être suffisante pour réduire l'impact environnemental et climatique de notre économie. Par exemple, la loi relative à l'économie circulaire votée en France en 2019 ne relève pas, tant s'en faut, d'un projet de transformation de notre économie. Bien au contraire, elle n'est qu'une évocation vague et lénifiante de l'économie circulaire, la réduisant au passage à la seule gestion des déchets, à la promotion de bonnes pratiques de production ou encore au devoir d'informer les consommateurs sur le contenu carbone des produits. Alors que le fondement de l'économie circulaire est de bâtir une organisation de la production et de la consommation de biens manufacturés et alimentaires qui soit la plus économe possible en matière première et énergétique. Autrement dit : une économie qui émette peu de gaz à effet de serre. C'est avant tout par la transformation des processus industriels, la mise en place de normes et de standards de production et l'évolution des cultures de consommation que s'opère le passage vers une économie circulaire.

L'obsession du produit neuf

La première des transformations est profonde car elle concerne l'un des moteurs de l'économie : la consommation de produits neufs et rapidement jetés. Notre modèle économique est ponctué pour l'essentiel par les activités suivantes : d'abord l'extraction de matières premières, puis la fabrication et la consommation de produits neufs, et enfin la destruction de ces produits après une utilisation plus ou moins courte – parfois même sans que les produits ne soient jamais utilisés[1]. Et on recommence ensuite à partir de matières à nouveau extraites. On parle d'une économie linéaire, allant de la matière première à l'accumulation de déchets ; une économie qui sature les marchés de produits neufs, favorise le gaspillage et les usages courts. Chacune de ces étapes rythme notre économie, générant certes emplois et revenus. Mais elles conduisent inéluctablement à une surconsommation de matières premières et d'énergie et à une surproduction de déchets qui provoquent des pollutions multiples des sols, des eaux, et de notre atmosphère. Sans nuire au commerce des produits, remettre en question la place centrale du produit neuf dans le modèle du commerce apparaît aujourd'hui incontournable pour réduire les émissions de gaz à effet de serre et plus généralement les pollutions. Certains produits – c'est le cas de la voiture, des outils, de certains appareils électroménagers – nécessitent de grandes quantités de matières premières et d'énergie pour être manufacturés et ne sont pourtant pas fréquemment utilisés. Le partage de

1. « Scandale des invendus : Amazon aurait détruit trois millions de produits en France en 2018 », 2019, *Télérama* https://www.telerama.fr/television/scandale-des-invendus-amazon-aurait-detruit-trois-millions-de-produits-en-france-en-2018,n6086750.php.

ces produits est souvent possible et limiterait les besoins de production. Pourquoi produire autant de voitures – les Français en possèdent 32 millions – quand elles ne sont utilisées en moyenne que quelques dizaines de minutes par jour ? Cela représente un coût important pour les ménages, mais aussi pour l'environnement ! À elle seule, la production des voitures que nous voyons circuler sur les routes françaises est responsable de près de 10 $MteqCO_2$ par an[1]. Le partage de voiture entre foyers, au sein d'un quartier, d'une ville, d'une entreprise, ou la location de véhicules doit se substituer à l'achat systématique par les foyers. D'une part cela permettra aux usagers de choisir les solutions les plus adaptées pour leurs déplacements. La voiture partagée pour faire les courses pour la semaine ou déplacer des objets lourds, les transports en commun ou le vélo pour se rendre au travail ou chez des amis. Et pour les longues distances, le train pour se déplacer d'une grande ville à l'autre, puis arrivé à destination, le choix de la solution la plus adaptée : voiture, transport en commun ou marche par exemple. D'autre part, si la production de véhicules diminue et que l'offre de transports en commun augmente, on

1. Selon l'ADEME en 2013, la construction d'une voiture est responsable à elle seule de l'émission de 4 à 7 $teqCO_2$ de gaz à effet de serre. Avec près de 2 millions de véhicules individuels vendus en France et quasiment autant de voiture produites sur le territoire chaque année, ce sont 8 à 14 $MteqCO_2$ qui sont émises pour les produire.

peut s'attendre à une utilisation moins systématique des voitures individuelles. Une évolution qui conduira à une diminution des pollutions de l'air et du nombre de personnes présentant des troubles respiratoires. Cela conduira bien évidemment à une réduction conséquente des émissions de gaz à effet de serre. Il en va du secteur de l'automobile comme de celui des technologies de l'information, de l'outillage et des machines ou encore de la production de vêtements : réparer, moderniser, échanger, revendre les objets existants ; mais aussi mutualiser, louer et partager les objets moins fréquemment utilisés au sein des familles ou des communautés. Voilà le moteur d'une économie qui à la fois fournit des emplois et réduit massivement les émissions de gaz à effet de serre !

L'extension de la durée de vie des biens de grande consommation limiterait aussi le rythme de renouvellement et donc leur production. Moins de produits neufs signifiera-t-il pour autant moins de revenus créés et moins d'emplois ? Pas nécessairement. Seulement le point d'équilibre de l'économie sera déplacé vers la production de composants de rechange, les services d'entretien, de réparation, d'amélioration et de vente de produits d'occasion, et enfin les activités de recyclage et de récupération des produits usés et de leurs matières.

L'obsolescence

La seconde transformation se situe dans la conception des produits manufacturés. La facilité à les démonter, à retirer un composant, à le remplacer ou le réparer, doit entrer dans les spécifications des produits lors de leur conception. Les standards et normes doivent aussi favoriser les normalisations de certains composants fréquemment utilisés. La recyclabilité des produits dépend aussi de leur conception qui ne doit plus seulement se concentrer sur la manière de fabriquer, mais aussi s'assurer de la capacité à démonter et récupérer chacun des composants, chacun des matériaux, chacune des matières. Faire progresser un produit ou une technologie ne doit plus être synonyme de gaspillage et de désastre environnemental, comme c'est le cas pour les technologies numériques de l'information. La capacité à améliorer un produit doit être intégrée dans la conception des produits. Car une conception qui permet de réutiliser des matières ou des pièces n'est pas seulement un moyen efficace de réduire l'extraction de matières nouvelles et le volume de déchets produits. C'est aussi un moyen efficace de créer de la valeur ajoutée, selon Walter Stahel, l'un des concepteurs de l'économie circulaire : « *Si nous regardons l'économie, alors il est très clair que les plus petites boucles – en d'autres termes, la réutilisation, la réparation, la refabrication et la recommercialisation de biens et de composants dans un contexte industriel – sont celles où vous obtenez le plus grand avantage financier, c'est-à-dire le prix le plus bas pour le consommateur ou la marge bénéficiaire la plus élevée pour le fabricant.* » Une intervention réglementaire de l'État apparaît nécessaire à ce stade pour favoriser l'émergence de ces pratiques de conception pour l'instant largement ignorées des fabricants.

Réduire les distances

La troisième approche concerne le transport des marchandises. Consommer ce qui est disponible à l'autre bout du monde doit devenir l'exception, pour laisser place à des activités de production, de réparation et de modernisation des produits localisées au plus proche des consommations. Il s'agit de réduire les distances et le nombre des déplacements entre les lieux de collecte des matières, les lieux de production des composants, ceux de leur assemblage et enfin les lieux de distribution et de vente. Pour réduire les consommations d'énergie liées à ces déplacements, pour limiter les infrastructures les plus impactantes liées au transport de marchandises (port, aéroport et routes) pour s'assurer de l'alimentation des productions par des énergies renouvelables, pour relocaliser enfin les emplois liés aux productions et transports.

Une quatrième approche sur les matières premières contribuera à limiter leurs multiples déplacements et les pollutions liées à leur extraction et transformation. La récupération des matières par le recyclage des produits jetés réduirait considérablement les besoins en extraction et rapprocherait considérablement ces ressources des lieux de production relocalisés. Les matières premières de nos produits futurs se trouvent dans nos maisons. Aux minages des sols et des océans doit se substituer celui de nos poubelles. Une approche qui permettra d'alimenter nos usines en matières premières locales, de créer un secteur d'activité dynamique du recyclage, et enfin d'épargner à de nombreux territoires les pollutions massives de leurs sols, de leurs eaux et de l'air qu'on y respire.

Plus on trie, récupère et recycle les déchets, plus on peut réutiliser les matières déjà disponibles et réduire les besoins d'extraction et d'incinération. Selon l'ADEME, l'essentiel de nos déchets est soit stocké en déchetterie, soit simplement incinéré. Ce qui est valorisé est avant tout détruit pour créer de nouveaux matériaux : de l'acier, des matériaux de construction, du verre, des remblais pour les chantiers. Le recyclage doit permettre de favoriser le réemploi. Pourquoi casser des bouteilles en verre qui sont en parfait état et peuvent être réutilisées ? Pourquoi détruire un bâtiment quand on peut le réparer, pourquoi casser et incinérer un ordinateur, un robot ménager, un aspirateur, une voiture ou un téléphone quand on peut en récupérer les matériaux et matières ?

Prenons l'exemple des téléphones portables, tablettes, ordinateurs et disques durs. Outre des quantités importantes de plastique, de verre, de céramique, et de petit matériel électronique, ils contiennent des quantités plus ou moins grandes de métaux appelés terres rares. Matières précieuses sans pour autant être rares, elles ne sont quasiment pas recyclées. En effet, selon des chercheurs américains du laboratoire de recherche en minerais industriels de Fairbanks en Alaska, seuls 1 % de ces terres rares sont aujourd'hui recyclées[1]. Pourtant, leur extraction est aujourd'hui la source de pollutions majeures de l'environnement : pollutions des sols, de cours d'eau et de nappes phréatiques, et destruction de végétation. Les chercheurs soulignent par ailleurs que l'extraction et la production de ces matières requièrent des quantités gigantesques d'énergie et d'eau. Des activités qui sont donc fortement émettrices de gaz à effet de serre. En France, où plus de 30 millions de téléphones portables, tablettes et ordinateurs sont importés et vendus chaque année, le recyclage de ces matières permettrait de continuer de produire ou de réparer les objets que nous consommons, sans en augmenter pour autant l'empreinte environnementale.

Le renouveau de l'énergie

Le projet de relocalisation des productions industrielles, celui du développement des acteurs industriels de la réparation des produits, de la

---

1. « *Rare Earth : a review of landscape* », 2018 », Rajive Ganguli et Douglas R. Cook, Mineral Industry Research Laboratory, University of Alaska Fairbank.

reproduction de composants, de la refabrication, de la récupération et du recyclage doit pouvoir compter sur un approvisionnement énergétique sans carbone et peu polluant. On sait les doutes qui entourent la disponibilité des futurs réacteurs nucléaires, notamment ceux concernant la capacité à gérer sans danger les déchets radioactifs et à assurer un fonctionnement des réacteurs sans risque pour les humains et pour l'environnement. Si le futur énergétique de la France doit être bas-carbone et sans risque de contamination radioactive, alors il doit être renouvelable. Il faudra donc compter massivement sur ces technologies de production, mais aussi sur celles de stockage et de réseau pour produire l'électricité ou le gaz, pour alimenter les usines de demain. On entrevoit ici alors l'importance de maîtriser les consommations d'énergie à l'avenir. Mieux vaut isoler les bâtiments que de gaspiller en chauffage de précieuses quantités d'énergie. Mieux vaut utiliser en commun l'énergie pour se déplacer (par les trains et les bus) ou se passer d'énergie avec le vélo et la marche quand cela est possible, plutôt que de maintenir la voiture individuelle au cœur de nos déplacements. Mieux vaut enfin que nos appareils domestiques soient les moins gourmands en énergie. Production de l'énergie et maîtrise des consommations doivent ainsi faire l'objet d'un projet politique clair, dont les intentions, les étapes et les moyens sont connus à l'avance et jusqu'à ce qu'il soit complètement réalisé d'ici la moitié du siècle. Si un tel plan existe, en partie déjà, au travers des lois sur l'énergie et le climat et de la « programmation pluriannuelle de l'énergie » (PPE), il manque de clarté, il manque de moyens pour atteindre les objectifs et, surtout, il n'est pas respecté en raison d'un accompagnement de l'État qui lui fait trop souvent défaut.

Un nouveau projet industriel

Au-delà de ce plan d'approvisionnement en énergie, c'est un nouveau projet de politique industrielle qui doit naître au sein de l'État ; un projet qui s'émancipe des procédés les plus polluants et constitue un nouvel atout pour notre économie. Un projet qui ne compense pas la désindustrialisation du passé par les importations massives de produits jetables, mais par une production relocalisée combinant nouveau produit et valorisation de l'existant.

Avec le changement climatique, la mission de l'industrie française ne peut plus être la même. Renoncer à placer le produit neuf au centre des activités de production et de vente, intégrer la réparabilité et la recyclabilité aux pratiques de conception, réduire les distances et l'énergie utilisée tout au long des cycles de vie, généraliser le recyclage des déchets et la récupération des matières, toutes ces transformations nécessitent de piloter une politique économique radicalement différente. Une politique industrielle qui repose sur une fiscalité compatible avec l'émergence de systèmes énergétiques renouvelables, des activités de l'économie circulaire, d'une agriculture écologique, et qui renonce aux niches fiscales favorables aux énergies fossiles. Une fiscalité qui permette d'assurer la rentabilité des activités de l'économie circulaire et leur compétitivité face à l'importation de produits à forte teneur carbonée. Une fiscalité qui garantisse une répartition des recettes entre les budgets de transition environnementale de l'État et des collectivités et qui alimente des mécanismes de justice fiscale. Plus généralement, l'État doit accompagner la transition de son économie, au travers de l'aide à l'emploi, à la formation professionnelle et à la continuité des revenus pour les travailleurs qui subiraient les effets des transitions dans leurs parcours. L'État doit s'assurer que le soutien à la recherche, à l'innovation et aux projets des entreprises est compatible avec les nouvelles politiques climatiques et industrielles. Au-delà de l'économie, le droit de l'environnement doit devenir opposable, les actions de police et de justice doivent permettre d'enquêter, de stopper et de sanctionner les activités les plus nuisibles au climat et à l'environnement. Enfin, l'éducation des jeunes et la formation professionnelle de ceux qui travaillent déjà doivent leur donner les moyens de trouver leur place en y contribuant dans ce nouveau paradigme économique.

Ce nouveau projet industriel compatible avec l'impératif climatique façonnera durablement le visage de l'économie française et de ses principaux secteurs. Dans les transports par exemple, la construction automobile doit mettre sur pied un nouveau modèle d'activité. Dans un monde où les voitures seront moins nombreuses, réparées et mutualisées, les entreprises du secteur ne pourront plus miser sur la vente seule de véhicules neufs pour assurer leur rentabilité. Elles devront développer les activités relatives à la réparation ou la modernisation de véhicules existants, le recyclage des pièces ou des véhicules hors d'usage, ou plus généralement, elles devront se réorienter vers les services de mobilité.

Il en va de même pour la construction aéronautique et les gestionnaires d'infrastructures liées à l'aviation, car il n'est pas envisageable de voir croître ce secteur sur le territoire français – ni même de le voir revenir au niveau atteint avant la crise liée à la COVID-19 alors qu'il est le moyen de transport le plus émetteur de gaz à effet de serre. Ces entreprises doivent engager une partie de leur main-d'œuvre très qualifiée et compétente vers des projets utiles à la transition.

Compte tenu de l'urgence climatique, certaines activités sont appelées à décroître rapidement : la production de plastiques, l'extraction de pétrole et de gaz et de matières premières. L'État doit à la fois exiger des entreprises des secteurs les plus émetteurs des plans de transformation de leur activité à court ou moyen terme, mais aussi les accompagner dans leur reconversion. Ne pas s'y préparer aujourd'hui conduira inéluctablement demain à des pertes économiques importantes et subies pour ces entreprises et à des destructions d'emplois.

Le secteur de la construction de bâtiments et d'infrastructures doit lui aussi réorienter son cœur de métier : réduire ses activités de grandes infrastructures routières, aéroportuaires ou commerciales nouvelles pour se concentrer sur celles de la rénovation énergétique et structurelle de bâtiments anciens. En effet, en seulement vingt ans, nous devons rendre passifs en énergie près de 30 millions de logements[1] ainsi que des centaines de milliers de surfaces commerciales et de service déjà construites. Or, chaque année ce sont au plus 400 000 logements qui sont construits contre seulement 300 000 rénovés ! À ce rythme, il faudra près de dix ans pour rénover ou remplacer l'ensemble des huit millions de passoires thermiques et près de quarante années pour améliorer l'ensemble du parc immobilier français. Bien trop long. Privilégier l'augmentation du rythme des rénovations plutôt que celui des constructions neuves, c'est choisir l'option la moins coûteuse, la moins polluante et bien souvent la plus rapide. C'est aussi permettre aux millions de Français qui vivent dans des passoires thermiques de retrouver un confort de vie décent et une plus grande maîtrise de leur facture énergétique. Pour les bâtiments comme pour les véhicules et les objets,

---

1. « Le parc de logements en France au 1er janvier 2018 », 2018, INSEE.

prolonger la durée de vie en rénovant, réparant, améliorant est souvent plus économe en matières premières et moins émetteur de gaz à effet de serre. En France comme ailleurs, ces approches contribuent à la fois à la réduction des pollutions et à la lutte contre les pauvretés.

La mue de l'agriculture

Enfin, le secteur agricole doit également opérer sa mue : il génère aujourd'hui beaucoup trop de gaz à effet de serre, 19 % en France. L'élevage, notamment des bovins, est responsable de près de la moitié des émissions de gaz à effet de serre de l'agriculture. De plus, les engrais azotés, utilisés notamment pour produire les aliments nécessaires à l'élevage, rejettent de fortes quantités de protoxyde d'azote, un gaz à effet de serre puissant. La réduction des émissions de gaz à effet de serre dans le secteur de l'agriculture ne pourra passer que par une profonde transformation des pratiques agricoles. Premièrement, la diminution de l'utilisation des engrais azotés, ensuite la réduction du nombre d'animaux d'élevage et donc la diminution de la consommation de viandes et de laitages, puis la réduction du gaspillage alimentaire chez les producteurs, distributeurs et consommateurs finaux. Bien sûr, ces transformations sont contraignantes, elles bousculent nos habitudes, mais elles sont incontournables dans la lutte contre le dérèglement climatique. Ces transformations bousculent aussi l'équilibre économique parfois précaire des agriculteurs et paysans. L'État doit s'assurer que le marché des produits agricoles rémunère les producteurs et les accompagner dans leur transition. Faire payer le juste prix, sans risquer de voir trop fortement augmenter le budget alimentaire des ménages, passe aussi par la lutte contre les gaspillages et la surconsommation.

Nous le voyons, c'est une transformation des fondements de l'économie qui doit être menée, et non pas de simples aménagements. Une rupture rapide, en quelques années – une vingtaine tout au plus – doit permettre de modifier notre manière de produire et de consommer afin de réduire au plus proche de zéro nos émissions de gaz à effet de serre. Cette transformation concerne en premier lieu les entreprises, et donc bien entendu leurs dirigeants, leurs actionnaires et les investisseurs privés comme publics. Mais le chef d'orchestre de ce changement ne peut être que l'État, et le promoteur de cette transformation, son plus haut responsable : le président de la République. Un État qui utilise à la fois ses rôles de planificateur, de régulateur, d'investisseur et d'actionnaire pour transformer l'économie, pour adapter la société à un impératif bas-carbone, pour protéger enfin les Français dans la situation durable du changement climatique.

Pour enclencher ces transformations de l'industrie et de l'économie, il reste cependant un enjeu majeur. Car si les présidents et les partis dont ils sont issus n'opèrent pas eux aussi leur mue culturelle, sur le climat comme sur l'économie, comment imaginer que soit portée demain une transformation qui a toujours été refusée hier ?

Chapitre 14

Renouveler la pratique politique au sein de l'État

« Mais mesdames et messieurs les députés, il faut le dire aux Français, sur les questions environnementales, bien plus qu'ailleurs peut-être encore, les beaux parleurs sont dangereux. Celui qui leur dit que la transition écologique est chose facile et qu'il n'y a qu'à et qu'il faut qu'on, celui-là leur ment. Car si c'était facile, tous ceux qui sont passés ici, sur ces bancs, avant cette majorité l'auraient fait ! »

Brune Poirson, secrétaire d'État auprès de la ministre de la Transition écologique et solidaire, le 21 janvier 2020 lors de la lecture définitive du projet de loi anti-gaspillage pour une économie circulaire à l'Assemblée nationale.

Peut-on trouver l'exigence de transformation environnementale plus inquiétante que sa propre incapacité à la mener quand on est chargée, comme Brune Poirson en 2020, de décliner les principes de l'économie circulaire dans la loi française ? Plutôt qu'une énième dénonciation de ceux qui défendent l'accélération de l'agenda écologique du pays, une introspection sur les résistances au sein de l'État et des entreprises aurait été plus utile, à l'instar de celle effectuée quelques mois plus tôt par Nicolas Hulot.

À peine un an après avoir accepté pour la première fois de devenir ministre d'État de la Transition écologique et solidaire, Nicolas Hulot démissionnait par une annonce tonitruante sur les ondes de France Inter, contestant une politique des petits pas, alors que la situation exige, selon lui, « *un changement de paradigme* ». Le 17 mai 2017, il avait annoncé accepter le poste de ministre pour « *faire émerger le nouveau modèle de société que nous appelons collectivement de nos vœux* »[1], espérant que la « *nouvelle donne offrira un terreau fertile pour le construire enfin* ». Quel était son constat un an plus tard ? Ni les émissions de gaz à effet de serre, ni l'utilisation des pesticides, ni l'érosion de la biodiversité, ni l'artificialisation des sols n'avaient freiné en 14 mois[2]. La démission de Nicolas Hulot est en vérité l'écho d'un échec : celui d'un nouveau mouvement politique qui s'était constitué dès 2016 autour d'Emmanuel Macron, et auquel Nicolas Hulot avait alors décidé de donner sa chance. Un mouvement se définissant « ni de gauche ni de droite », qui devait renouveler la politique en dépoussiérant autant les pratiques que la vision, mais qui, sur la question climatique et

1. Déclaration de Nicolas Hulot, le 17 mai 2017 sur son compte twitter.
2. Nicolas Hulot invité de l'émission Le Grand Entretien, le 28 août 2018, sur France Inter.

environnementale en tout cas, aura, comme la gauche, comme la droite, totalement échoué.

Un échec du mouvement d'Emmanuel Macron qui s'inscrit dans la continuité de celui des précédentes majorités. Face aux périls du changement climatique, Jacques Chirac, Nicolas Sarkozy, François Hollande et donc Emmanuel Macron auront plus souvent pratiqué l'évitement et l'illusion que mené des politiques concrètes et proportionnées à l'enjeu climatique. Leur stratégie aura visé à ne jamais remettre en cause les principes fondamentaux de notre économie. Ont-ils sincèrement cru que ce qui cause le dérèglement climatique et les destructions massives de l'environnement peut aussi les résoudre ? Ou alors ont-ils maintenu notre modèle économique faute de savoir faire autrement, quitte à ignorer la crise climatique ? Ce qui est certain, c'est que les présidents de la République des vingt prochaines années ne pourront plus être aussi naïfs, ni dans le déni ni empreints de cynisme comme l'ont été leurs prédécesseurs. Ils devront affronter les conséquences directes des dérèglements climatiques et tout faire pour en limiter l'ampleur.

Quel projet politique ?

Le projet politique de lutte contre les dérèglements climatiques pour les vingt prochaines années devra à la fois parvenir à réduire au plus proche de zéro les émissions de gaz à effet à l'intérieur et hors de nos frontières et protéger notre environnement, les humains, la faune et la flore, d'événements climatiques plus fréquents et plus intenses. L'efficacité et le succès d'un tel projet requièrent d'en faire la priorité politique. Ce projet politique doit prévoir pour chacune des vingt prochaines années des transformations sensibles des règles et de l'organisation de notre économie. Il doit se définir et s'écrire de manière lisible pour que chacun puisse participer. Ce projet politique doit permettre aux activités les plus nuisibles au climat de se transformer pour devenir compatibles avec l'objectif de neutralité carbone. Un premier pas serait l'abandon des niches fiscales dont bénéficient les activités reposant sur la consommation d'hydrocarbure. Les entreprises dont le chiffre d'affaires dépend du pétrole, du gaz et du charbon doivent en effet entendre dès aujourd'hui qu'il ne leur sert plus à rien de combattre pour la survie de leurs activités, mais qu'il est plus que temps pour elles de changer le cours de leur projet économique, au risque sinon de disparaître. L'heure est à la vérité sur les implications de la transition écologique, à l'action publique sans regrets et à la détermination sans faille face aux résistances. Car il s'agit autant d'offrir un présent aux générations actuelles qu'un avenir à la jeunesse.

Cette transformation du projet économique concerne en premier lieu les entreprises, leurs actionnaires et les investisseurs, mais aussi l'État – dans son rôle d'actionnaire et d'investisseur – ainsi que politique. Car lui seul a les moyens de mettre en place les règles, les incitations fiscales et les moyens de communication pour promouvoir, faciliter et accélérer cette transformation. Ce n'est pas l'État-illusionniste, ni l'État-sans-compétence, ni l'État-incohérent que nous avons décrit plus tôt qui y parviendra. Lui aussi doit faire sa mue pour remplir son rôle.

Trois mutations profondes

Pour parvenir à des politiques climatiques efficaces, trois mutations profondes de la culture politique et de la pratique du pouvoir des dirigeants français semblent incontournables.

La première concerne l'aiguillon des politiques publiques. Que ce soit dans la lutte contre le chômage, comme préalable au partage des richesses et des ressources, ou encore comme allié de la transition écologique, l'évolution du PIB est le critère principal des politiques publiques. Un critère qui a souvent obsédé les présidents de la République qui en ont fait l'objectif central de leurs campagnes politiques et le principal aiguillon de leurs politiques publiques. Pour garder le cap, il faut pourtant traduire la priorité donnée à la lutte contre les dérèglements climatiques dans le champ économique : le principal aiguillon de nos politiques publiques doit être repositionné du suivi obsessionnel de l'évolution du PIB vers celui des émissions des gaz à effet de serre et des pollutions. Les émissions de gaz à effet de serre avant le PIB, voilà le principe. « 5 % de baisse annuelle des GES pour atteindre la neutralité carbone avant 2050 », voici ce qui devrait être le nouveau credo des responsables politiques et des observateurs du monde politique.

Pour réussir cet alignement du projet économique français sur l'impératif climatique, une seconde mutation culturelle doit s'imposer au cœur des pratiques des présidents de la République française et de leurs gouvernements. La vérité, la transparence et la sincérité doivent remplacer le déni, l'illusion et le cynisme qui ont constitué l'essentiel de l'action publique sur le climat depuis le début du siècle. Les mises en scène telles que les aveux successifs des présidents, les rôles honorifiques des ministres de l'environnement, les « *grandes* » lois climatiques tardives, tous ces artifices qui ont servi à dissimuler la réalité du manque d'ampleur des politiques climatiques appartiennent à une conception vieillie de la politique. Celle où l'on confond pédagogie et démagogie. Dire la vérité, expliquer les visions, mettre en place des espaces de pédagogie pour que chacun puisse comprendre, serait une attitude respectueuse vis-à-vis des Français qui, par ailleurs, contribuerait à une meilleure acceptation des mesures politiques les plus difficiles à mettre en œuvre ainsi qu'à une plus grande implication des citoyens.

Il faut permettre aux citoyens de comprendre les raisons qui justifient les plus radicales transformations de l'économie. Expliquer les liens qui existent entre chaque mesure et la réduction des émissions de gaz à effet de serre, mais aussi expliquer les mesures qui permettront d'accompagner les travailleurs et les consommateurs, c'est donner à chacun la possibilité d'apprécier par soi-même la nécessité des mesures, d'en accepter les conséquences dans le quotidien, mais aussi faire connaître en retour les difficultés à prendre en compte. Prendre le temps de l'explication sincère des motifs, exposer avec transparence les raisons d'une contrainte nouvelle, c'est aussi garantir un dialogue sain entre les décideurs et les Français. C'est garder le lien avec ceux qui feront parfois le sacrifice de libertés ou de choix de vie. C'est promouvoir une culture du dialogue qui empêchera celle du conflit permanent de s'installer. C'est enfin démontrer et expliquer aux travailleurs des industries de l'automobile, de l'aéronautique, de l'agriculture, de la chimie, que l'État restera à leur côté tout au long des transitions de leurs secteurs pour leur assurer la continuité des carrières et des revenus.

L'expérience de la taxe carbone

Une transparence sur les intentions et les dispositifs est nécessaire pour avancer, car les discours ambigus des présidents et les mesures incomplètes ont créé des conflits ont alimenté la méfiance. Le cas des taxes sur l'impact carbone de la consommation des carburants ou le transport routier est assez révélateur de l'impact délétère du manque de pédagogie des gouvernements. Après l'avoir annoncé lors de sa campagne présidentielle de 2007, Nicolas Sarkozy renonce définitivement à instaurer la taxe carbone en mars 2010, à la suite d'une douloureuse défaite aux élections régionales qui auront vu les peurs face au projet environnemental du Grenelle s'exprimer en masse. Trois années plus tard, c'est l'écotaxe poids lourds qui est à son tour annulée, sous la présidence de François Hollande, pour calmer la grogne du mouvement des « *bonnets rouges* » qui dénoncent l'impact négatif des mesures environnementales sur la compétitivité des entreprises. Enfin, en décembre 2018, un moratoire de la hausse de la contribution carbone de la taxe appliquée aux carburants est annoncé en réponse au mouvement de contestation des « *gilets jaunes* » qui dénoncent, entre autres choses, un prix excessif de l'essence. Voici trois exemples typiques où des mesures utiles, sinon nécessaires à la lutte contre le dérèglement climatique, voient leur application retardée ou annulée. Par trois fois, les difficultés exprimées par les Français, leurs frustrations vis-à-vis des politiques nourries par le sentiment de ne pas être écoutés ni respectés, a été utilisé par les chefs d'État et leurs gouvernements pour justifier des reculs. Ce sont en réalité trois échecs qui illustrent les mutations nécessaires des pratiques politiques.

Ne soyons pas naïfs, la création ou l'augmentation d'une taxe ne sera jamais populaire. Mais on peut limiter les inquiétudes en s'assurant que les contreparties seront connues et appréciées des Français.

L'objectif de taxes carbone appliquées aux transports est d'augmenter le prix des carburants afin de dissuader l'utilisation des véhicules les plus polluants et de favoriser les moins consommateurs d'essence ou de diesel. La consommation de carburant et les pollutions qui en résultent baissent en effet avec des véhicules plus légers, moins rapides et dont les moteurs sont plus efficaces ou tout simplement électriques. Mais pour fonctionner correctement, cette taxe carbone doit s'accompagner d'une politique favorisant l'émergence d'alternatives accessibles à tous. Soit par le développement des moyens de transport alternatifs et moins chers, tels que le train pour les longues distances, les bus et les tramways en zone urbaine et semi-urbaine, ou encore des espaces de circulation sécurisés pour les piétons et les cyclistes. Soit par la mise à disposition de voitures, neuves ou remotorisées, à très faible consommation d'essence. Des alternatives aux moyens de locomotion les plus polluants dont il faudra s'assurer qu'elles sont accessibles en particulier aux personnes les plus dépendantes de la voiture pour aller travailler, ou aux personnes les plus vulnérables sur le plan économique. Sans l'émergence de ces alternatives, l'efficacité de la taxe carbone se verra fortement réduite et les frustrations émergeront parmi les citoyens. Or, que ce soit sous les présidences de François Hollande ou d'Emmanuel Macron, la mise en place de taxes carbone n'aura pas été accompagnée d'un soutien franc de l'État au déploiement d'infrastructures alternatives à la voiture. En particulier, le système de trains s'est dégradé. Par ailleurs, en tant qu'actionnaire des constructeurs automobiles, en tant qu'investisseur, mais aussi par les lois et règlements qu'il décide et met en œuvre, l'État avait les moyens de réorienter les stratégies industrielles des constructeurs automobiles vers la production à bas coût de véhicules neufs à très faible consommation ou de véhicules remotorisés. Jean Marc Ayrault, Premier ministre de François Hollande en 2012 n'avait-il pas demandé pour 2020 aux constructeurs français une voiture accessible qui consomme 2 litres pour 100 km ? Pourtant, en 2018 et 2019 alors que la crise climatique frappe le monde avec une force inouïe, ce sont les pires véhicules, les SUV, qui inondent le marché français. C'est un comble ! Ne faut-il pas une forte dose de cynisme de la part des constructeurs et d'irresponsabilité de la part de l'État pour avoir permis cela ? Et ce ne sont pas les systèmes d'aides au remplacement des véhicules les plus polluants qui auront permis de freiner la tendance : mal calibrés, ils se sont montrés inefficaces pour limiter la vente des SUV[1].

Ainsi, sans alternative accessible pour réduire leur consommation d'essence ou de diesel, les Français les plus vulnérables et les plus dépendants à la voiture ne semblaient pouvoir échapper à la forte hausse des coûts de leurs déplacements. Une

1. « Comment faire enfin baisser les émissions de CO_2 des voitures », Nicolas Meilhan, France Stratégie, 2019.

situation qui, en 2010, en 2013 tout comme en 2018, est venue alimenter des oppositions fermes aux gouvernements qui, *in fine*, ont renoncé à leurs projets. Une faute grave puisqu'elle ralentit la transformation vers une économie bas carbone, et qui incombe en très large partie à l'État.

Ces situations, répétées d'un président à l'autre, sont aussi le reflet de l'absence de vertu dans le dialogue avec les Français. Elles sont le fruit de mesures politiques dont la conception hors-sol ne tient pas compte des accompagnements nécessaires des travailleurs ou des ménages les plus vulnérables. Des situations qu'un dialogue sain et régulier aurait permis de mieux identifier et de prendre en compte dans l'élaboration des schémas de taxes carbone.

Une approche diversifiée et pluri-disciplinaire

L'échec du dialogue est révélateur d'une culture étroite du pouvoir. Du sentiment que le sommet de l'État n'a pas besoin des Français pour construire ses politiques publiques. Le manque de diversité des profils au sommet de l'État, des administrations et des entreprises, entretient une vision étriquée de la vie des Français, un éloignement de leur réalité, et une culture trop classique pour nourrir des solutions innovantes et efficaces.

C'est là que doit se jouer la troisième mutation au sein de l'État français : pour réussir la lutte contre le changement climatique, il doit s'ouvrir à une plus grande diversité de profils et chercher à accueillir de nouvelles compétences. Il doit intégrer des cultures académiques et des expériences professionnelles plus diverses que celles très traditionnelles de ses hauts fonctionnaires. L'État a besoin de compétences nouvelles capables de porter un regard critique sur son action, d'identifier ses propres résistances, de résoudre ses incohérences et d'envisager des solutions innovantes, tout en gardant un contact plus étroit avec les Français.

Les politiques publiques et industrielles sont construites et décidées en France au sein des directions générales de l'administration, des cabinets ministériels et de l'Élysée, ainsi que dans les directions des entreprises par des conseillers et des dirigeants dont les formations et les parcours sont excessivement homogènes. Ils perpétuent des traditions politiques et économiques qui freinent les transformations nécessaires à la lutte contre les dérèglements climatiques.

L'univers étroit de l'administration française

Sur les sujets liés à l'énergie, au pétrole et au gaz en particulier, au transport routier ou encore à la production industrielle, les dirigeants sont principalement du Corps des mines, des ponts et chaussées ou de l'ENA. Ils sont les dépositaires d'une tradition politique qui place l'économie au cœur de l'action de l'État, et favorisent les grands projets d'infrastructures énergétiques et de transports les plus polluants. Ils ont construit les plus grandes stratégies industrielles françaises, autour du pétrole, du gaz et du nucléaire ; autour de l'aéronautique et de l'automobile ; des ponts, des autoroutes et des aéroports. Ils sont depuis à la tête des plus grandes entreprises : Total, Engie, EDF, Enedis, Orano (ex-Areva), GRDF, Alstom, Bouygues, Vinci, Valéo, Suez, Véolia et encore très récemment à la tête de PSA, Renault ou encore Airbus. À eux seuls, les ingénieurs du Corps des mines sont présents dans tous les cabinets ministériels liés aux sujets de l'énergie, du climat et de l'économie. Ils alternent les postes auprès du chef de l'État et des ministres, au sein des directions des grandes entreprises du secteur et des directions des principales administrations françaises relatives à ces sujets. Par exemple : la DGEC, direction générale qui définit pour les ministres les lois sur l'énergie et le climat, l'Autorité de sûreté nucléaire (ASN), l'Agence nationale pour la gestion des déchets radioactifs (ANDRA), le Bureau de recherche géologique et minière (BRGM), qui administre l'exploitation des sous-sols, des mines et des champs d'hydrocarbures, l'Agence nationale de sécurité sanitaire (ANSES) qui supervise la sécurité sanitaire de l'alimentation, de l'environnement et du travail, et enfin la Direction générale de prévention des risques (DGPR) en charge de la prévention des risques environnementaux. L'École nationale d'administration (ENA), qui a quant à elle fait l'objet de vives critiques ces dernières années, devrait être prochainement réformée. Le constat posé en 2018 par Emmanuel Macron, énarque lui-même comme François Hollande et Jacques Chirac avant lui, est clair : l'école ne fournit plus les compétences nécessaires à l'État. Le constat est juste, nous nous étions étonné plus tôt que le parcours des présidents à l'Institut d'études politiques de Paris ou à l'ENA ne leur ait pas donné les clefs de l'enjeu climatique. Un constat que l'on doit cependant étendre aux autres formations des cadres de la fonction publique de l'industrie, de l'énergie, du climat et de l'environnement. Car le Corps des Mines et celui des Ponts, qui forment chaque année quelques dizaines de nouveaux hauts fonctionnaires, apparaissent aujourd'hui en décalage avec les besoins du pays. Et surtout, lorsqu'il s'agit de mener les politiques de transformations de l'économie vers un monde sans carbone ! Dans l'histoire de notre économie, leur rôle aura été de développer les mines, puis les ressources hydrocarbures, les équipements dédiés aux voitures à essence et camions diesels, ou encore le gigantesque parc nucléaire français. Leur métier aura ainsi été de rendre la France dépendante des énergies les plus polluantes. Or, leur formation pose aujourd'hui problème, puisqu'elle perpétue une tradition économique dont le fondement est la surconsommation des ressources énergétiques et des matières premières. Sélectionnés parmi quelques-unes des plus grandes écoles françaises – Polytechnique, Mines de Paris et l'ENS Ulm principalement – leur formation est assurée par leurs pairs. Transmise de génération en génération, la doctrine économique des grands corps de hauts fonctionnaires se perpétue, malgré le décalage grandissant avec un monde et un climat qui changent. Leur prise de conscience tardive sur le réchauffement global et ses impacts aura freiné, et freine encore, l'émergence des talents et des savoir-faire nécessaires à la réussite de transformations aujourd'hui devenues urgentes.

Pourtant des talents et des savoir-faire, il y en a ! Ils ne sont pas uniquement techniques, comme ceux des ingénieurs des corps des Mines et des Ponts, mais ils concernent un champ beaucoup plus vaste, incluant des spécialistes de l'organisation des entreprises, des sociologues, des philosophes, des économistes, des experts en stratégie du changement en entreprise, mais aussi des climatologues, des spécialistes de la biodiversité, des experts de l'industrie des renouvelables, du nucléaire, de la rénovation énergétique des logements, des transports alternatifs, etc. Des talents qui se sont autant formés sur les bancs des universités ou des grandes écoles qu'au contact des réalités de terrain leur permettant ainsi d'appréhender à la fois les difficultés rencontrées par les Français face aux défis de l'écologie que leur aspiration sincère à y remédier.

Cette diversité n'est que très peu représentée aujourd'hui au sein des cabinets ministériels et de l'Élysée, des directions générales de l'administration ou encore des directions des entreprises. Leur rôle se cantonne souvent à des auditions lors des commissions d'évaluation ou d'enquête de l'Assemblée et du Sénat, et plus rarement par leur participation à des comités nationaux d'expertise tels que le Haut Conseil pour le climat, le conseil des experts du Débat national sur la transition énergétique, le conseil de gouvernance de la Convention citoyenne ou encore le Haut Comité sur la transparence et l'information sur la sûreté nucléaire. Mais ces organes d'expertises sont-ils jamais autre chose, aux yeux de l'État, que de simples comités Théodule ?

Ouvrir le microcosme du sommet de l'État, où toujours se décide l'essentiel des actions de sur le climat, l'énergie et l'économie, permettrait de créer un projet économique moderne, d'en garantir la cohérence avec les enjeux climatiques et de bâtir une plus grande adhésion des Français.

Nous le pouvons, nous le devons !

La lutte contre les dérèglements climatiques est une urgence. Nous en subissons déjà les conséquences : chaque année, de plus puissantes tempêtes se forment, des canicules et des sécheresses intenses se font plus fréquentes, les glaces fondent et les eaux des océans menacent de submerger régulièrement des territoires entiers sous l'effet des tempêtes. Animaux et végétaux souffrent et disparaissent sous les assauts des flammes et les destructions de leurs écosystèmes par les humains. La planète est au bord de la rupture.

Nous l'aurons compris, les quatre derniers présidents de la République et leurs gouvernements ne se sont pas montrés à la hauteur de l'enjeu. Ils ont préféré le déni à la vérité, la démission au courage. Ils ont cru que l'avenir de notre planète viendrait d'un modèle économique qui a pourtant lui-même ravagé notre environnement.

Nous le savons, il faut agir vite. Il en va de la survie des sociétés humaines, de notre présent et de l'avenir même de nos enfants. Nous devons rompre avec les habitudes du passé, construire un avenir où économie, production et consommation ne sont plus synonymes de pollution et de destruction. Nous devons faire émerger un nouveau modèle économique où la baisse des émissions de gaz à effet de serre soit le principal indicateur d'une économie qui fonctionne bien. Déjà, des milliers de Français ont modifié leur quotidien pour rompre avec les consommations et les pratiques les plus polluantes. Mais nous savons aussi que nos efforts individuels et collectifs seront vains tant que l'État et les entreprises françaises continuent de freiner les transitions.

Mais que faire ? Devons-nous nous résigner à voir l'État s'échouer sur ses propres résistances, sur ses propres croyances ? Devons-nous renoncer alors que notre besoin et notre souhait le plus profond sont de le voir agir et gagner avec nous cette lutte ? Ou au contraire, devons-nous croire encore à une rupture, cette fois-ci au sein de l'État ? C'est, je le crois, notre seule chance. Notre seul espoir. Alors que faire, sinon le bousculer, le pousser malgré lui au changement ? Nous le devons et nous le pouvons. Ne l'oublions pas, nous sommes tous en tant que citoyens le premier rouage de la vie politique française. Notre regard critique et nos exigences vis-à-vis des politiques climatiques sont aussi nécessaires et puissants que le sont nos actions en tant que consommateurs et producteurs responsables.

Nous pouvons – nous devons ! – engager nos forces à notre échelle, dans les territoires, pour réduire nos propres émissions de gaz à effet de serre autant que pour exiger de l'État les moyens d'y parvenir.

Nous pouvons – nous devons ! – questionner et interpeller les représentants des majorités présidentielles actuelles et futures, les députés et sénateurs élus de nos territoires, sur les politiques climatiques de l'État.

Nous pouvons – nous devons ! – leur montrer notre détermination à voir s'opérer des actions radicales, à la hauteur de l'enjeu climatique.

Nous pouvons – nous devons ! – leur demander ce qu'ils comptent faire pour accélérer les baisses d'émissions de gaz à effet de serre, ce qui est prévu pour les réduire dans le secteur des transports, de l'agriculture, du bâtiment, pour réduire nos importations, pour accompagner les transformations dans l'industrie, dans l'agriculture. Quand ? Quoi ? Combien ? Comment ? Questionnons-les jusqu'à ce qu'ils nous apportent une réponse à la hauteur des enjeux !

Puisque nous le pouvons, rendons hommage par nos actions aux centaines de défenseurs de l'environnement qui, chaque année, de l'Iran à la Colombie, du Brésil à la Roumanie, de la Chine aux Philippines sont victimes de menaces, de tortures ou sont assassinés.

C'est notre responsabilité, à nous citoyennes et citoyens, d'agir et de nous engager, individuellement ou collectivement. C'est à nous de jouer.

Puisque nous le pouvons, nous le devons !

Remerciements

Un remerciement très sincère à Stéphane et à ma chère sœur, Fleur, pour leurs relectures bienveillantes et leurs conseils avisés.

Des remerciements chaleureux à mes amis et ma famille, à ceux qui m'accompagnent, me guident et me divertissent aussi souvent qu'il le faut pour oublier le sérieux de la politique.

À ma très chère Méryl enfin, avec qui la vie, les voyages que l'on entreprend, les histoires que l'on écrit ont la saveur d'une aventure, la beauté d'un jardin sauvage, la chaleur d'un soleil d'été.

Références et bibliographie

Réchauffement climatique de 1,5 °C, 2018, Groupe Intergouvernemental d'Expert sur le Climat (GIEC).

Global Climate Risk Index 2020, 2019, German Watch.

Le changement climatique et les terres immergées, 2019, GIEC.

Les océans et la cryosphère dans un climat qui change, 2019, GIEC.

Rapports d'évaluation du changement climatique, FAR 1990, SAR 1995, TAR 2001, AR4 2007, AR5 2014, GIEC.

Mémoire sur la température du globe terrestre et des espaces terrestres planétaires, 1824, Jean-Baptiste Fourrier, Annales de chimie et de physique.

World In the Making, 1908, Svante August Arrhenius.

The concentration and isotopic abundances of carbon dioxide in the atmosphere, 1960, Charles D. Keeling, Tellus Volume 12, tome 2.

Restoring the Quality of Our Environment: Report of the Environmental Pollution, 1965, President's Science Advisory Committee.

The limits to growth, 1972, Club de Rome.

Carbon dioxide and Climate: a scientific Assessment, 1979, Jule Charney et al.

Vostok ice core: a continuous isotope temperature record over the last climatic cycle (160 000 years), 1987, Jouzel, Lorus, Petit et al., Nature 329.

The Concentration and Isotopic Abundances of Carbon Dioxide in the Atmosphere, 1960, Charles D. Keeling.

Big Oil's Real Agenda on Climate Change, 2019, InfluenceMap.

Discours sur la lutte contre le réchauffement climatique, l'émission de gaz à effet de serre et la pollution atmosphérique, 2000, Jacques Chirac, La Haye.

Discours à Orléans, 2001, Jacques Chirac.

Déclaration sur la situation critique de l'environnement planétaire et les propositions de la France pour un développement durable, 2002, Jacques Chirac, Johannesburg.

Déclaration sur l'action de la France et de la Chine face au défi climatique et environnemental, 2007, Nicolas Sarkozy, Pékin.

Lettre de Sicco Mansholt à Franco Maria Malfatti, 1972, Sicco Mansholt.

Impact budgétaire et fiscal du Grenelle de l'environnement, 2012, Cour des Comptes.

Impacts sanitaires de la pollution de l'air en France: Nouvelles données et perspectives, 2016, Santé publique France.

Our Common Future, 1987, Commission mondiale pour l'environnement et le développement présidée par Gro Harlem Brundtland.

The economics of climate change, 2006, Nicolas Stern.

Global Climate Risk Index 2020, 2019, German Watch.

Global vulnerability to sea level rise worse than previously understood, 2019, Climate Central.

Climate change impacts in Europe, 2019, Agence européenne de l'environnement.

Human Health, impacts, adaptation, and co-benefits, 2014, GIEC, chapitre 11 du 5e rapport d'évaluation.

Carte de présence du moustique Tigre en France métropolitaine, 2019, ministère de la Santé.

La France et les Français face à la canicule : les leçons d'une crise, 2004, rapport parlementaire des sénateurs Valérie Létard, Hilaire Flandre et Serge Lepeltier.

Climate Change adaptation in the agriculture sector in Europe, 2019, Agence européenne de l'environnement.

Jobs for tomorrow : the potential for substituting manpower for energy, 1981, Walter Stahel et Reday-Mulvey Geneviève.

Loosing earth. The decade we almost stopped climate change, 2018, Nathaniel Rich.

Réchauffement climatique : importance du méthane, 2008, Benjamin Dessus, Bernard Laponche et Hervé Le Treut, La Recherche n° 417.

Chiffres clés de l'énergie 2019, 2019, Conseil général du développement durable (CGDD).

Situation des titres miniers H au 1er janvier 2020, 2020, ministère de la Transition écologique et solidaire.

Inventaire Secten des gaz à effet de serre, 2018 et 2019, CITEPA.

Panorama des financements climat en France, 2016, I4CE.

Les comptes des transports 2018, 2019, Conseil général du développement durable.

Bilan GES des produits manufacturés et alimentaires, ADEME.

Chiffres clés du climat en France, Europe et dans le Monde, 2019, ministère de la Transition écologique et solidaire.

Agir en cohérence avec les ambitions, 2019, Haut Conseil pour le climat.

Bilan électrique, 2017, 2018 et 2019, RTE.

Global Market Forecast 2019-2038, 2019, Airbus.

La colossale empreinte carbone des banques françaises : une affaire d'État, 2019, Oxfam et les Amis de la Terre.

Profil commercial de la Chine, 2017, Organisation mondiale du commerce (OMC).

Mapped : The world's largest CO_2 importers and exporters, 2017, Carbon Brief.

Environmental-Economic Accounting : CO_2-content of German imports and exports, 2010, 2014 et 2019, Office Statistique Fédéral Allemand Destatis.

Détermination du rôle de l'énergie dans la compétitivité de l'industrie manufacturière : Études économétriques et modélisation des interdépendances, 2012, Mathieu Bordigoni.

The German power market, state of affaires, 2020, Agora Energiewende.

Rare Earth : a review of landscape, 2018, Rajive Ganguli et Douglas R. Cook, Mineral Industry Research Laboratory.

Bundesamt Methan und Lachgasemissionen von Ernährungsgütern, 2012, Office Statistique Fédéral Allemand Destatis.

Umweltökonomische Gesamtrechnungen, CO_2-Gehalt der Güter der Endverwendung. Berichtszeitraum 2008-2015, 2019, Office Statistique Fédéral Allemand Destatis.

Daten zur umwelt umwelthaushalte konsum, 2015, Umweltbundesamt (UBA).

German Environment Agency, National Inventory Reports for the German Greenhouse Gas Inventory 1990 to 2018 (as of 12/2019) and estimate for 2019, 2020, UBA.

UK greenhouse gas emissions, provisional figures, 2019, Office national des statistiques du Royaume-Uni.

UK's Carbon Footprint 1997-2017, 2020, Office national des statistiques du Royaume-Uni.

The Global Resource Footprint of Nations : Carbon, water, land and materials embodied in trade and final consumption calculated with EXIOBASE 2.1, 2014, Tukker et al.

Global Carbon Budget 2019, 2019, citation complète : https://doi.org/10.5194/essd-11-1783-2019.

Le Parc du logement en France au 1er janvier 2018, 2018, INSEE.

L'empreinte carbone des ménages français et les effets redistributifs d'une fiscalité carbone aux frontières, 2020, Paul Malliet, Sciences-Po OFCE.

L'empreinte carbone des Français reste stable, 2020, Commissariat général du développement durable.

L'empreinte matières, un indicateur révélant notre consommation réelle de matières premières, 2018, Commissariat général du développement durable.

L'empreinte carbone. Note préalable à l'élaboration du quatrième rapport gouvernemental annuel au titre de la loi dite « SAS » du 13 avril 2015 : « Les nouveaux indicateurs de richesse – 2018 », 2019, CGDD.

Méthodologie de calcul de l'empreinte carbone de la demande finale intérieure française, 2020, CGDD.

Climate Action in Figures. Facts, Trends, and Incentives for German Climate Policy, 2018, Ministère de l'Environnement, de la conservation de la nature et de la sûreté nucléaire de la république fédérale d'Allemagne.

Les éditions Utopia

Ces ouvrages sont disponibles en version papier et en version numérique chez les libraires et sur les sites de vente en ligne.

COLLECTION **CONTROVERSES**

Par le Mouvement Utopia :

Sans-papiers ? pour lutter contre les idées reçues, juin 2010

Nucléaire, idées reçues et scénarios de sortie, novembre 2011

Le travail, quelles valeurs ? idées reçues et propositions, novembre 2012

Agriculture et alimentation, idées reçues et propositions, mai 2014

Propriété et communs, idées reçues et propositions, janvier 2017

Démocratie ?, idées reçues et propositions, mai 2018

Migrations, idées reçues et propositions, septembre 2019

COLLECTION **RUPTURES**

Thomas Coutrot, David Flacher, Dominique Méda, *Pour en finir avec ce vieux monde, les chemins de la transition,* avril 2011 (épuisé). Disponible en version numérique

Nicolas Sersiron, *Dette et extractivisme, la résistible ascension d'un duo destructeur,* octobre 2014

Guillaume Borel, *Le travail, histoire d'une idéologie,* novembre 2015

Renaud Duterme, *De quoi l'effondrement est-il le nom ?*, mars 2016

Collectif, *Des droits pour la nature*, septembre 2016

Aurélien Bernier, *La démondialisation ou le chaos*, octobre 2016

Aurélien Bernier, *Les Voleurs d'énergie, Accaparement et privatisation de l'électricité, du gaz, du pétrole*, septembre 2018

André Koulberg, *Le FN et la société française*, mars 2017

Jean-Jacques Gury, *Le coup d'État milliardaire, petit traité de résistance au néolibéralisme*, novembre 2017

Stéphane Bikialo, Julien Rault, *Au nom du réalisme, Usage(s) politique(s) d'un mot d'ordre*, janvier 2018

Jean-Francois Simonin, *La tyrannie du court terme*, octobre 2018

Alain Coulombel, *De nouveaux défis pour l'écologie politique*, mars 2019

Jean-Marc Sérékian, *Capitalisme fossile. De la farce des COP à l'ingénierie du climat*, mai 2019

Aurélien Bernier, *L'illusion localiste*, janvier 2020

Valérie Garcia et Marc Pleysier, *Voyages en effondrement*, juin 2020.

Cyrille Cormier, *Climat, la démission permanente*, novembre 2020.

COLLECTION THÉMATIQUE **DÉCROISSANCE**

Baptiste Mylondo, *Un revenu pour tous, précis d'utopie réaliste*, juin 2010 (épuisé)

Baptiste Mylondo, *Pour un revenu sans condition*, novembre 2012

Vincent Liegey, Stéphane Madelaine, Christophe Ondet et Anne-Isabelle Veillot, *Un projet de décroissance, manifeste pour une DIA*, janvier 2013

Michel Lepesant, *Politique(s) de la décroissance*, juin 2013

Paul Ariès, *Écologie et cultures populaires*, mars 2015

COLLECTION THÉMATIQUE AMÉRIQUE LATINE

Marta Harnecker, *Amérique Latine, laboratoire pour un socialisme du XXIe siècle*, novembre 2010

Rafael Correa, *De la République bananière à la Non-République*, septembre 2013

Alberto Acosta, *Le Buen vivir, pour imaginer d'autres mondes*, mars 2014

COLLECTION THÉMATIQUE DÉPASSER LE PATRIARCAT

Collectif Femen, *Le Manifeste Femen*, avril 2015

Taslima Nasreen, *À la recherche de l'amant français*, octobre 2015

Davy Borde, *Tirons la langue, plaidoyer contre le sexisme dans la langue française*, avril 2016

HORS COLLECTION

Thierry Ternisien d'Ouville, *Réinventer la politique avec Hannah Arendt*, novembre 2010

Mouvement Utopia, *Le Manifeste Utopia*, janvier 2012

Emmanuel Delattre, *Requiem pour l'oligarchie*, avril 2013

La Confédération paysanne, *Cause animale, cause paysanne*, février 2020.

CHEZ D'AUTRES ÉDITEURS

Mouvement Utopia, *Le Manifeste Utopia*, Parangon, 2008

Mouvement Utopia, *Le Manifeste Européen*, L'Esprit Frappeur, 2009

Les Éditions Utopia
61, bd Mortier 75020 Paris
www.editions-utopia.org
contact@editions-utopia.org
01 43 57 32 14

Direction artistique/couverture : Fabienne Couderc
Maquette : Palimpseste
Corrections : Isabelle Bloch, Myriam Michel, Erick Montagne et Jean-Jacques Pascal

Achevé d'imprimer en octobre 2020
sur les presses de l'imprimerie Laballery à Clamecy
Imprimeur certifié ISO 14 001

Dépôt légal : novembre 2020
ISBN : 978-2-919160-38-9 – N° imprimeur : 009638